T0128383

Automatisierung und Digitalisierung im Holzbau

Andreas Heinzmann · Niki P. Karatza

Automatisierung und Digitalisierung im Holzbau

Andreas Heinzmann
Memmingen, Deutschland

Niki P. Karatza
Rosenheim, Deutschland

ISBN 978-3-658-38762-4 ISBN 978-3-658-38763-1 (eBook)
https://doi.org/10.1007/978-3-658-38763-1

Die Deutsche Nationalbibliothek verzeichnet diese Publikation in der Deutschen Nationalbibliografie; detaillierte bibliografische Daten sind im Internet über http://dnb.d-nb.de abrufbar.

Planung/Lektorat: Ralf Harms
Springer Vieweg ist ein Imprint der eingetragenen Gesellschaft Springer Fachmedien Wiesbaden GmbH und ist ein Teil von Springer Nature.
Die Anschrift der Gesellschaft ist: Abraham-Lincoln-Str. 46, 65189 Wiesbaden, Germany

Vorwort

Der Holzbau hat in den letzten Jahren stetig an Bedeutung gewonnen und steht vermehrt im Fokus der Politik. Denn die ressourcenschonende Bauweise schafft sowohl Wohnraum als auch viele weitere Arten von Gebäuden mit zugleich positiven Auswirkungen auf Umwelt- und Klimaziele. So wächst nicht nur die Nachfrage nach Holzbauten, sondern auch deren Einsatzgebiet. Folglich stehen Holzbaufirmen vor neuen Herausforderungen in Form benötigter Kapazitätssteigerungen und erhöhten Komplexitäten, die es zu bewältigen gilt.

Im Rahmen der Forschung, Lehre und Beratung konnten wir in den vergangenen Jahren tiefe Einblicke in die Holzbaubranche, zahlreiche Unternehmensstrukturen sowie konkrete Problemfelder gewinnen. Dabei wurde uns bewusst, dass es vielen Betrieben an Wissen über Automatisierungslösungen mangelt. Somit fehlt ihnen das nötige Verständnis zur Einordnung von Fertigungskonzepten, -technologien und -verfahren hinsichtlich eigener Produktionsanforderungen. Ein noch größeres Defizit erkennen wir im Umgang mit dem Thema Digitalisierung. Denn vielen ist nicht bewusst, welchen Mehrwert einzelne oder umfassende Software-Lösungen bieten. Das vorliegende Werk soll daher eine Übersicht über mögliche Systeme schaffen, mit denen Prozesse der Vorfertigung sowie der gesamten Prozesskette eines Bauvorhabens optimierbar sind.

Mit der gemeinsamen Arbeit in der Forschung für den Holzbau sowie im daraus ausgegründeten Start-Up ist unsere geteilte Vision klar: Wir haben das Ziel, unseren Beitrag zum klimaschonenden Bauen zu leisten, indem wir den Holzbau vorantreiben. Durch die weitverbreiteten handwerklichen Strukturen im Holzbau fällt es vielen Unternehmen schwer, sich bei Vergrößerung personell und technisch sinnvoll aufzustellen. Mit dem Teilen unseres Wissens durch gesammelte Erfahrungen möchten wir dabei unterstützen, ein breiteres Verständnis über automatisierte und digitale Lösungen zu erlangen. Denn der Einstieg sowie Ausbau dieser Bereiche birgt enormes Potenzial für die Holzbauvorfertigung. Dieses kann jedoch nur mit der Betrachtung der gesamten Prozesskette des Baus voll ausgeschöpft werden.

Rosenheim, Deutschland

Andreas Heinzmann
Niki P. Karatza

Inhaltsverzeichnis

1 Einleitung ... 1

2 Die Holzbauvorfertigung ... 3

3 Fertigungsformen ... 5
3.1 Werkstättenfertigung ... 5
3.2 Zellenfertigung ... 7
3.3 Linienfertigung ... 7
3.3.1 Linie durch Einzeltische ... 9
3.3.2 Endlostisch ... 9

4 Prozesse und Fertigungstechnologien ... 13
4.1 Materiallager und -zuführung ... 13
4.1.1 Lagerung und Zuführung von Stäben ... 14
4.1.2 Lagerung und Zuführung von Platten ... 19
4.2 Vorgelagerter Materialzuschnitt ... 23
4.2.1 Stabzuschnitt ... 24
4.2.2 Plattenzuschnitt ... 28
4.3 Sortierung, Pufferung und Kommissionierung ... 35
4.3.1 Manuelle Abnahme mit digitaler Unterstützung ... 35
4.3.2 Abnahme durch automatisiertes Flächenportal ... 35
4.3.3 Hochregal-Sortierspeicher ... 38
4.3.4 Robotersortierzelle ... 40
4.3.5 Vergleich und Einordnung der Sortier- und Puffersysteme ... 42
4.4 Innerbetriebliche Logistik und Materialbreitstellung ... 42
4.4.1 Spezialisierte Gestelle und Wägen ... 43

4.4.2 Einzelteiltransport auf Rollenbahnen, Gurtbändern oder Kettenförderern ... 43
4.4.3 Fahrerlose Transportsysteme ... 44
4.4.4 Vergleich und Einordnung der Systeme für die innerbetriebliche Logistik ... 45
4.5 Riegelwerkfertigung (Wandelemente) ... 46
4.5.1 Manueller Spanntisch für Wandelemente ... 46
4.5.2 Riegelwerkstation mit manuellem Einlegen ... 47
4.5.3 Riegelwerkstation mit Einlegen durch Roboter ... 48
4.5.4 Portal-Knickarmroboter-Kombination ... 50
4.5.5 Vergleich und Einordnung der Systeme für die Riegelwerkfertigung ... 52
4.6 Rahmen für Dach- und Deckenelemente ... 52
4.6.1 Manueller Spanntisch für Dach-/Deckenelemente ... 53
4.6.2 CNC-Spanntisch mit manuellem Einlegen ... 54
4.6.3 CNC-Spanntisch mit automatisiertem Einlegen ... 55
4.6.4 Vergleich und Einordnung der Systeme für Rahmenfertigung Dach Decke ... 56
4.7 Auflegen der Beplankung ... 56
4.7.1 Manuell mithilfe von Vakuumsaugern oder Nadelgreifern ... 58
4.7.2 Ferngesteuerte Manipulatoren ... 58
4.7.3 Knickarmroboter mit Handling-Aggregat ... 60
4.7.4 Linear- oder Portalroboter mit Handling-Aggregaten ... 62
4.7.5 Vergleich und Einordnung der Systeme für das Auflegen der Beplankung ... 62
4.8 Beplankung befestigen und bearbeiten ... 63
4.8.1 Halbautomatisiertes Klammergerät ... 64
4.8.2 CNC-Bearbeitungsportal mit Werkzeugen ... 65
4.8.3 Knickarmroboter mit Werkzeugen ... 66
4.8.4 Linear- oder Portalroboter mit Werkzeugen ... 67
4.8.5 Vergleich und Einordnung der Befestigungs- und Bearbeitungssysteme der Beplankung ... 68
4.9 Wenden ... 68
4.9.1 Wenden mittels Hallenkran oder Manipulator ... 68
4.9.2 Wenden durch zwei Elementtische ... 71
4.9.3 Wenden auf der Stelle ... 71
4.9.4 Vergleich der Wendesysteme ... 72
4.10 Dämmung des Holzrahmenbaugefachs ... 73

4.10.1 Manuell geführte Einblasplatte am Kran oder Portal ... 75
4.10.2 CNC-Bearbeitungsportal mit Dämmplatte ... 75
4.10.3 Linear- oder Portalroboter mit Dämmplatte ... 76
4.10.4 Vergleich der Systeme für die Integration einer Dämmplatte ... 76
4.11 Verputzen ... 77
4.12 Lattung ... 78
4.13 Schalung ... 78
4.14 Weitere digitale Unterstützungsmöglichkeiten ... 79
4.14.1 Touchdisplays und Industrie Tablets ... 80
4.14.2 Laserprojektion ... 80
4.14.3 Mixed Reality ... 80
4.14.4 Pick-by-Light- und Pick-to-Light-Systeme ... 81

5 Digitaler Prozess und Informationsfluss im Holzbau ... 83
5.1 Datengenerierung Entwurfs- und Genehmigungsplanung ... 85
5.2 Datengenerierung Ausführungsplanung ... 86
5.3 Datengenerierung Produktion ... 87
5.4 Planung und Steuerung der Vorfertigung und Vormontage im Werk ... 87
5.5 Planung und Steuerung der Montage und Baustellentätigkeit ... 89

6 Zusammenfassung und Ausblick ... 91

Quellen ... 93

Abkürzungsverzeichnis und Begrifflichkeiten im Holzbaukontext

BIM: Building Information Modeling (dt. Bauwerksdatenmodellierung, Methode zur digital vernetzten Bauwerksplanung)

BTL, BTLx: Standard-Austauschformat für Daten im Holzbaubereich

CAD: Computer-Aided-Design (dt. rechnerunterstütztes Konstruieren)

CAM: Computer-Aided-Manufacturing (dt. rechnerunterstützte Fertigung)

CNC: Computerized-Numerical-Control (dt. rechnergestützte numerische Steuerung bzw. Maschinensteuerung durch Umsetzung von Steuerbefehlen in Bewegungsabläufe)

Durchlaufzeit: z. B. die Zeit vom Start der Produktion bis zur Verladung der Elemente

Element: zweidimensional vormontierte Baugruppe eines Gebäudes

EPS: Expandiertes Polystyrol

Fertigungslos: Zusammenfassung von Teilen für die gemeinsame Bearbeitung/Fertigung/Montage

Finish: Fertigstellung von z. B. Außenwänden

FTF: Fahrerloses Transportfahrzeug

FTS: Fahrerloses Transportsystem

Gefach: von Riegelwerkteilen umfasster Bereich, der meist mit Dämmstoff gefüllt wird (Holzrahmenbau)

Handling: Bewegung und Handhabung von Bauteilen

HOAI: Honorarordnung für Architekten und Ingenieure (in Deutschland)

IFC: Industry Foundation Classes (offener Standard für den Datenaustausch im Bauwesen, für BIM-Modelle)

KVP: kontinuierlicher Verbesserungsprozess

Langteile: Stabförmige Bauteile mit einer Länge von >3,5 m (Schwelle, Rähm, etc.)

Los: siehe Fertigungslos

MES: Manufacturing-Execution-System (dt. Fertigungsleitsystem)

Nest: verschachtelter Zuschnittplan für z. B. eine CNC-Zuschnittanlage (s. g. Nesting-Anlage)

OSB3: Oriented Strand Board, 3: Grobspanplatten für tragende Zwecke zur Verwendung im Feuchtebereich

Referenzierung: Definition der Lage eines Werkstücks in Bezug auf das Koordinatensystem eines Roboters oder einer CNC-Maschine

Taktzeit: zur Erbringung der geforderten Leistung definierte Zeit, nach der Bauteile einen Arbeitsplatz verlassen und am nachgelagerten Platz weiterverarbeitet werden

Verschnitt: nicht nutzbare Materialreste, die beim Zuschnitt anfallen

Vorfertigung: werkseitige Elementfertigung von Holzbauelementen

x-Richtung: längs zum Bauteil

y-Richtung: quer zum Bauteil

z-Richtung: senkrecht zum Bauteil

1 Einleitung

Die Quote sowie Anzahl genehmigter Wohn- und Nichtwohngebäude in Holzbauweise stieg in Deutschland in den letzten Jahren kontinuierlich an (Holzbau Deutschland 2022). Diese Entwicklung spiegelt die wachsende Nachfrage nach ressourcenschonenden Holzbauten wider. Die steigenden Auftragszahlen stellen jedoch viele Unternehmen vor eine Herausforderung. Denn wiederholte Konjunkturumfragen durch Holzbau Deutschland (2022) ergaben, dass eines der größten Erfolgshindernisse der Branche der andauernde Fachkräftemangel ist. Da somit eine Erhöhung des Personaleinsatzes nicht ohne weiteres möglich ist, können die benötigten Kapazitäten für die erhöhte Auftragslage häufig nicht erreicht werden. So stoßen insbesondere produzierende Betriebe mit handwerklichen Strukturen an ihre Grenzen. Um Produktionskapazitäten unabhängig vom Personaleinsatz auch zukünftig flexibel erweitern zu können, ist der Einsatz von Automatisierungen unumgänglich. Die Erhöhung des Automatisierungsgrads ist allerdings nur möglich, wenn digitale Prozesse von der Planung bis zur Datenbereitstellung an die Maschinen entsprechend eingesetzt werden. Viele Unternehmen nehmen den Einstieg in die Automatisierung und Digitalisierung daher als Hürde wahr. Dies liegt nicht zuletzt daran, dass ihnen das nötige Know-How sowie der Überblick über die technischen Möglichkeiten fehlen. Auch die Einordnung der verschiedenen Systeme in Bezug auf unterschiedliche Produktionsanforderungen sowie deren Integration in bestehende Prozesse ist für viele herausfordernd.

Die vorliegende Schrift beschäftigt sich mit den Kernprozessen der Holzbauvorfertigung und gibt einen Überblick über mögliche Automatisierungs- und Digitalisierungslösungen. Der Schwerpunkt wird auf die Herstellung von zweidimensionalen Holzbauelementen der Außen- und Innenwände sowie für Dach und Decke gelegt. Die Prozesse für eine werkseitige Montage der Elemente zu dreidimensionalen Raumzellen sind daher nicht berücksichtigt. Umfangreicher

A. Heinzmann und N. Karatza, *Automatisierung und Digitalisierung im Holzbau*,
https://doi.org/10.1007/978-3-658-38763-1_1

betrachtet werden die existierenden Technologien im Zusammenhang der Fertigungsprozesse des komplexen Holzrahmenbaus. Sowohl die Prozesse als auch die Technologien sind jedoch vereinzelt analog für die erweiterte Vorfertigung von Brettsperrholz- und Massivholzelementen anwendbar. Herkömmliche manuelle Prozesse sind nur am Rande erwähnt, da der Fokus stets auf automatisierten Hilfsmitteln, Maschinen und Anlagen liegt. Die umrissenen Lösungen sind sowohl gängige Systeme am Markt als auch Konzepte des Sondermaschinenbaus sowie Ansätze der Forschung und Entwicklung.

In diesem Werk wird erläutert, wie allgemeine Fertigungsformen und -organisationen in der Holzbauvorfertigung bereits umgesetzt werden und welche weitergehenden Visionen künftig realisiert werden könnten. Für alle Teilprozesse des Holzrahmenbaus sind geeignete Technologien mit der jeweils zu erwartenden Ausbringung (nach VDI 3415, Blatt 1) dargelegt. Die Werte zur Ausbringung beruhen auf langjährigen Erfahrungen der Autorin und des Autors sowie auf unterschiedlichen Herstellerangaben aus dem Bereich der Fertigungsplanung und -optimierung für den Holzbau. Abschließend werden die Systeme bewertend miteinander verglichen sowie deren Eignung für Fertigungen mit unterschiedlichen Anforderungen erörtert. Da sowohl die Darlegung als auch die Bewertung und Einordnung der Technologien ebenfalls auf den Kenntnissen der Autorin und des Autors beruhen, wird kein Anspruch auf Vollständigkeit erhoben. Sie dienen jedoch dem übergeordneten Verständnis.

2 Die Holzbauvorfertigung

Holzbauten eignen sich durch ihr geringes Gewicht sowie die gute Be- und Verarbeitbarkeit der Materialien besonders für die Vorfertigung einzelner Elemente. Insbesondere durch höhere Komplexitäten der Bauteile und Elemente nimmt die Bedeutung optimaler Fertigungsbedingungen zu. Eine witterungsunabhängige, technologiegestützte Fertigung wird nur in Produktionshallen gewährleistet. Holzbauten werden hauptsächlich in Form von Wand-, Dach- und Deckenelementen in Tafelbauweise vorgefertigt. Die tragenden Konstruktionen können sowohl Holzrahmenbauteile (Abb. 2.1) als auch Massivholzelemente (z. B. Brettsperrholz) sein. Beide Systeme werden abhängig vom Vorfertigungsgrad mit weiteren Bauteilen ausgestattet und beplankt. (Schankula 2012).

Um Spezialtransporte zu vermeiden, sind die vorgefertigten Elemente üblicherweise bis zu 3,5 m breit und bis zu 13 m lang. Der Transport größerer Dimensionen ist nur in Zusammenhang mit Sondergenehmigungen möglich.

Die großen Bauteile werden traditionell auf Fertigungstischen aufgelegt und liegend zu Elementen montiert. Die Nutzung von Hilfsmitteln, Maschinen und Anlagen gestalten die Tätigkeiten der Vorfertigung ergonomischer und arbeitserleichternder für die Arbeitskräfte als auf der Baustelle. Gleichzeitig wird eine höhere Prozesssicherheit erreicht. Auch die Qualitätskontrolle lässt sich in der klar strukturierten Vorfertigung verlässlicher durchführen.

In Abb. 2.2 ist exemplarisch ein herkömmlicher Montagetisch für die Elementfertigung dargestellt. Die Abbildungen in diesem Werk orientieren sich an dem gezeigten Koordinatensystem. Die x-Achse verläuft entlang der Längsseite des Elements. Sie definiert die Vorschubrichtung einerseits von Werkstücken, Bauteilen und den Elementen durch Maschinen hindurch sowie andererseits beim Längstransport in der Fertigung. Quertransporte oder -bewegungen verlaufen dementsprechend in y-Richtung, während die z-Achse die senkrechte Ausrichtung beschreibt.

A. Heinzmann und N. Karatza, *Automatisierung und Digitalisierung im Holzbau*,
https://doi.org/10.1007/978-3-658-38763-1_2

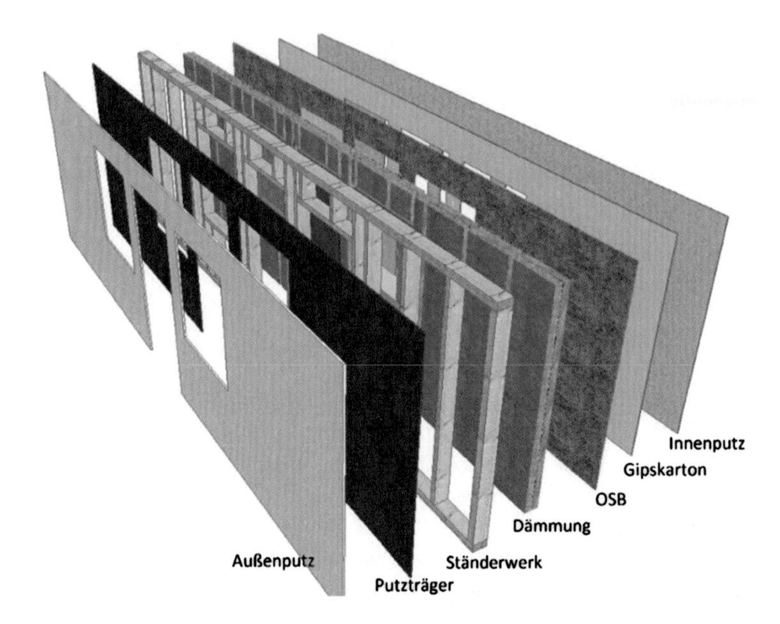

Abb. 2.1 Beispielhafter Aufbau einer Außenwand in Holzrahmenbauweise (Karatza 2019)

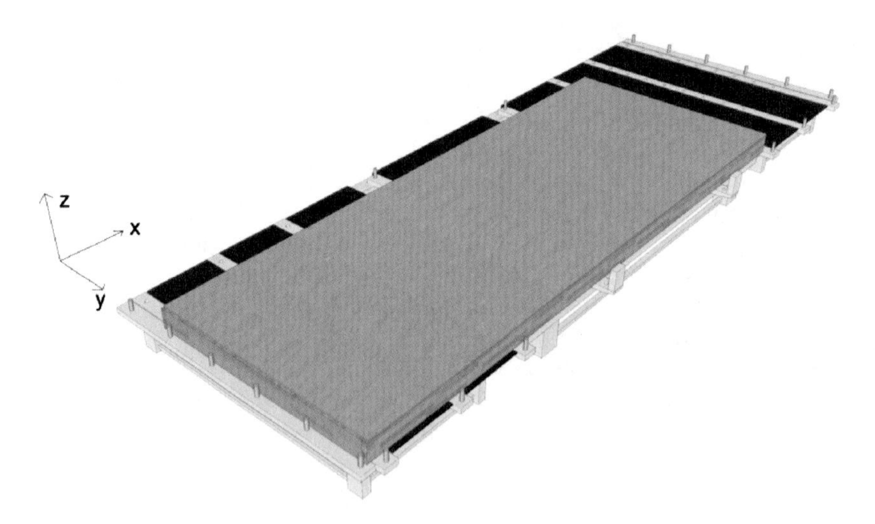

Abb. 2.2 Montagetisch für Holzbaufertigung inkl. Koordinatensystem

3 Fertigungsformen

Unter dem Begriff Fertigungsform ist die Kombination aus Fertigungsorganisation und Anordnung der Arbeitsplätze für die durchzuführenden Prozesse zu verstehen (Eversheim und Schuh 1999, S. 9–66). Die Auswahl eines geeigneten Fertigungsprinzips für ein Unternehmen stellt die Grundlage zur Technologieauslegung in Produktion und Logistik dar. Sie hat Auswirkungen auf die möglichen Produktvarianten sowie Durchlaufzeiten der Fertigung. Im Holzbau haben Hersteller von stark standardisierten Gebäuden mit geringer Varianz gänzlich andere Anforderungen wie z. B. ein Hersteller individueller Bauvorhaben.

Die für die Vorfertigung im Holzbau relevanten Fertigungsformen sind in Abb. 3.1 aufgeführt.

3.1 Werkstättenfertigung

Die Werkstättenfertigung fasst Arbeitsbereiche sowie Betriebsmittel für gleiche Bearbeitungsprozesse zusammen. Üblicherweise werden die Bearbeitungen einer Station losweise durchgeführt und gesammelt an einen nachgelagerten Prozess befördert. Dadurch kommt es zu langen Durchlauf- und Pufferzeiten der Teile (Dolezalek und Baur 1973, S. 134 ff.). Dieses Prinzip bietet sich primär für die Fertigung kleiner Stückzahlen in hoher Individualität und/oder Komplexität an. Es eignet sich weniger für eine Massenfertigung, da sich die Taktzeiten kaum standardisieren lassen (Bauernhansl 2020, S. 139).

Für die Umsetzung im Holzbau ist es denkbar, einzelne Prozesse oder Prozessgruppen auf mehrere spezialisierte Werkstattarbeitsplätze in der Fertigung aufzuteilen, wie in Abb. 3.2 dargestellt. Die einzelnen Werkstätten müssen nicht starr verkettet sein, wodurch die Prozessfolge flexibel gestaltbar ist. Eine losweise Werkstattfertigung ist im Holzbau allerdings nicht ausführbar, da der Platzbedarf

A. Heinzmann und N. Karatza, *Automatisierung und Digitalisierung im Holzbau*,
https://doi.org/10.1007/978-3-658-38763-1_3

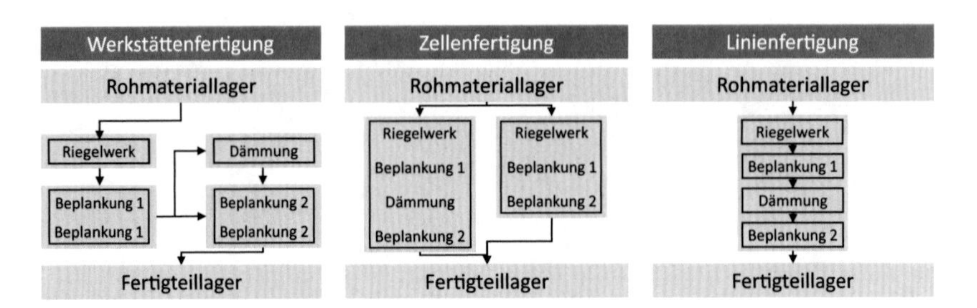

Abb. 3.1 Fertigungsformen für die Vorfertigung im Holzbau. (In Anlehnung an Bauernhansl 2020, S. 139)

der Pufferbereiche jeder Werkstatt aufgrund der großen Dimensionen der Elemente enorm wäre. Dennoch kann die Auslastung der Stationen mit einzelnen Puffern sichergestellt werden.

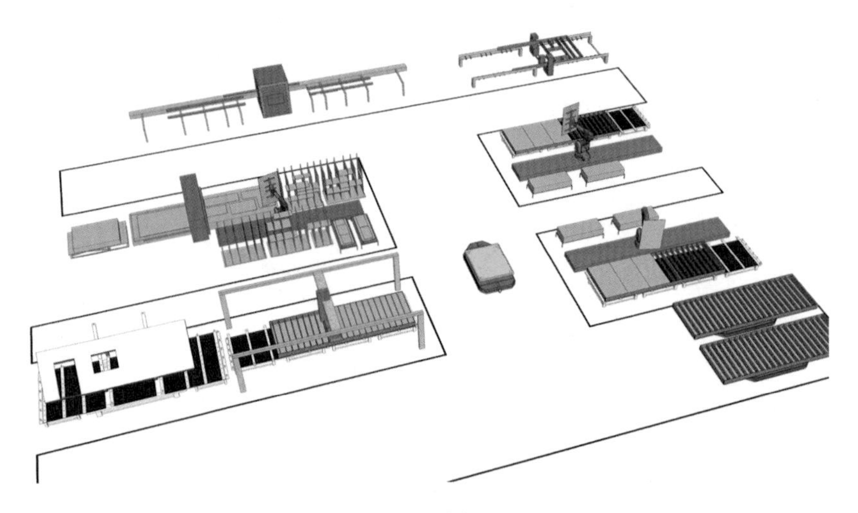

Abb. 3.2 Beispiel Werkstättenfertigung im Holzbau

3.2 Zellenfertigung

Unter der Insel-, Gruppen- oder Zellenfertigung versteht man die räumliche Bündelung von Maschinen und Arbeitsplätzen zur Fertigung eines Produktes (Bauernhansl 2020, S. 139).

Im Holzbau ist dieses Fertigungsprinzip mit unterschiedlichem Automatisierungsgrad sowohl in handwerklichen als auch in industriellen Strukturen umsetzbar. Die Elemente werden dabei in mehreren Bearbeitungsschritten unter Einsatz von unterschiedlichen Maschinen an einem einzelnen Arbeitsplatz fertiggestellt (Beispiel Abb. 3.3). Alle benötigten Materialien und Bauteile sind somit lediglich an einem Ort der Produktion bereitzustellen. Die Fertigungszellen sind außerdem von vor- und nachgelagerten Produktionsprozessen entkoppelt, was insbesondere die Logistik und Materialbereitstellung sowie Finish-Arbeiten und Verladung umfasst. Um unabhängig vom Status dieser Bereiche zu gewährleisten, dass die Zelle rechtzeitig mit den benötigten Bauteilen beliefert wird und die Elemente nach Fertigstellung sofort ausgefördert werden, ist die Nutzung von Puffern für die Zuschnittteile, Rohmaterialien und Fertigteile erforderlich.

Welche Einzelprozesse in einer Zelle sinnvoll zusammengefasst werden können, hängt von einer Vielzahl von Einflussfaktoren ab wie z. B.:

- dem Vorfertigungsgrad der Elemente,
- der Ausführung einzelner Elementschichten (z. B. Putz- oder Holzfassade),
- dem Automatisierungsgrad der Zellenprozesse,
- den eingesetzten Maschinen und deren technischen Möglichkeiten.

3.3 Linienfertigung

In einer Linien- oder Fließfertigung werden die einzelnen Prozessbereiche räumlich in der Reihenfolge des Fertigungsflusses angeordnet, was üblicherweise entweder in einer geraden Linie, in U- oder Kreisform umgesetzt wird. Des Weiteren sind die jeweiligen Bearbeitungszeiten möglichst auf die Taktzeit abzustimmen. Diese Abstimmung stellt die größte Herausforderung der Linienfertigung dar, denn sobald die Prozesszeiten der Stationen voneinander abweichen, entstehen Wartezeiten für einzelne Bereiche. (Dolezalek und Baur 1973, S. 138 ff.)

Diese Fertigungsform ist bislang in der industriellen Vorfertigung von Holzbauelementen am weitesten verbreitet. Die Montageprozesse sind auf einzelne

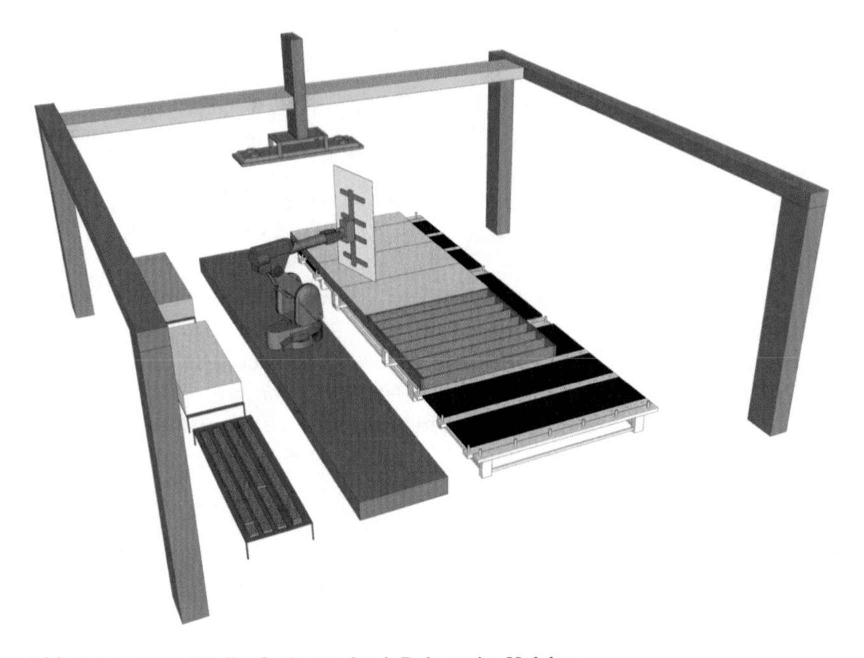

Abb. 3.3 Beispiel Zellenfertigung durch Roboter im Holzbau

aufeinander folgende Fertigungstische bzw. -bereiche aufgeteilt und im Fertigungsfluss voneinander abhängig. Die Elemente werden mittels integrierter Fördertechnik in den Tischen (z. B. Kettenförderer, angetriebene Rollen oder Gurtbänder) direkt von Station zu Station übergeben und nur in den seltensten Fällen zwischengepuffert. Durch die definierte Zuweisung der Bearbeitungs- und Montageprozesse auf verschiedene Produktionsbereiche ist auch die Bereitstellung der benötigten Materialien an mehreren Stellen notwendig.

Die Aufgliederung der Arbeitsinhalte auf die Stationen kann kleinteilig sein oder mehrere Tätigkeiten zusammenfassen, wodurch auch die Anzahl an Tischen bzw. Arbeitsbereichen variieren kann. Entscheidender Faktor ist die durchschnittliche Bearbeitungszeit für die jeweils auszuführenden Arbeitsinhalte an den einzelnen Stationen. Sie dürfen für eine möglichst reibungslose Taktung nicht erheblich voneinander abweichen. Taktgeber der gesamten Prozesskette ist stets die längste Bearbeitungszeit eines einzelnen Bereichs (Abb. 3.4).

Die Linienfertigung ist im Holzbau in zwei unterschiedlichen Ausprägungen zu finden: in Form mehrerer Einzeltische oder als einzelner langer Tisch.

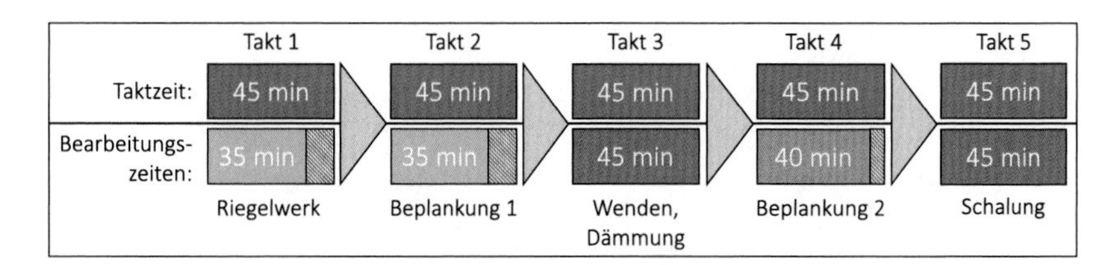

Abb. 3.4 Taktung in der Holzbauvorfertigung: Bearbeitungs- und Wartezeit in Bezug auf Taktzeit

3.3.1 Linie durch Einzeltische

Ein üblicher Aufbau einer Linienfertigung mit mehreren verketteten Einzeltischen ist in Abb. 3.5 dargestellt. Die Arbeitsinhalte sind entsprechend der geforderten Leistung und des Vorfertigungsgrads jeweils einem Tisch zugeordnet. Bedingt durch die maximal produzierten Elementlängen haben die einzelnen Tische in der Regel eine fixe Länge von ca. 12 m.

3.3.2 Endlostisch

Bei der Taktfertigung auf einem einzelnen langen Tisch durchlaufen die Elemente spezialisierte Bereiche des Tisches, denen die aufgegliederten Prozesse zugewiesen sind. Der Tisch besteht aus mehreren zusammengefügten Segmenten und kann somit in unbegrenzter Länge erstellt werden. Die Länge der Teilbereiche wird anhand der geforderten Leistung bzw. der entsprechenden Taktzeit definiert. Jedoch ist man hier durch die ununterbrochene Arbeitsoberfläche nicht an ein festes Tischraster (vgl. Abschn. 3.3.1) gebunden, sodass die flexible Fertigung von Elementen unterschiedlicher Länge möglich ist. Die Teilbereiche sind jeweils mit diversen technischen Komponenten ausgestattet wie Transporteinheiten für die Längs- und Querförderung der Elemente oder Wendesysteme. Ein Endlostisch verfügt außerdem über eine Vielzahl von möglichen Nullpunkten, sodass die Elemente in jedem Bereich referenziert werden können (Abb. 3.6). Für die Nutzung von Automatisierungslösungen ist dies essenziell.

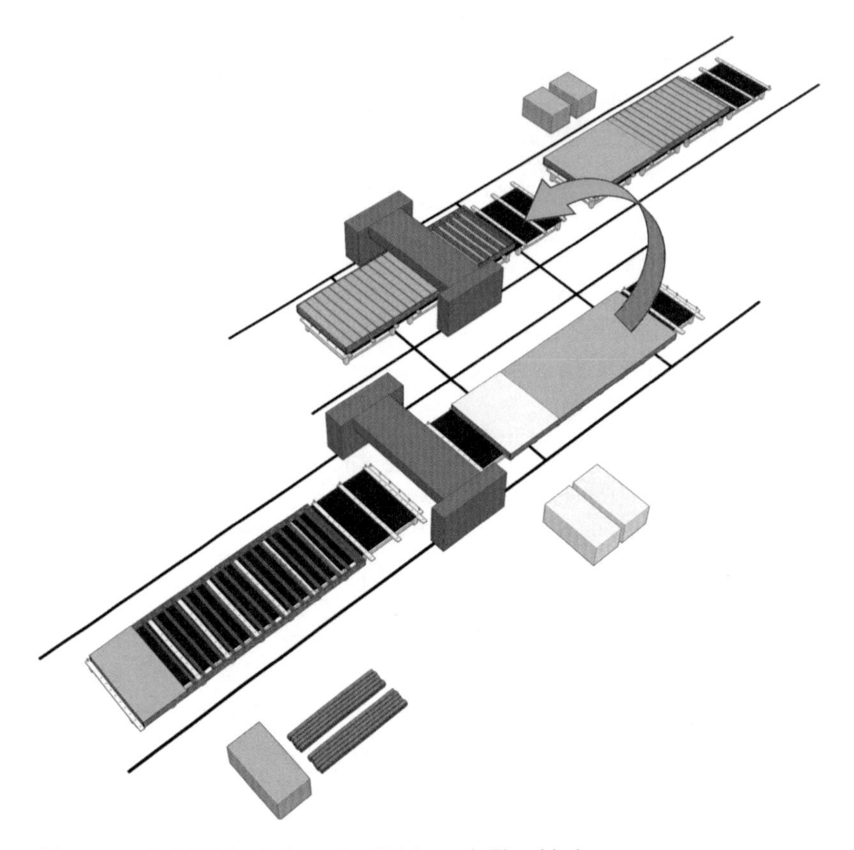

Abb. 3.5 Beispiel Linienfertigung im Holzbau mit Einzeltischen

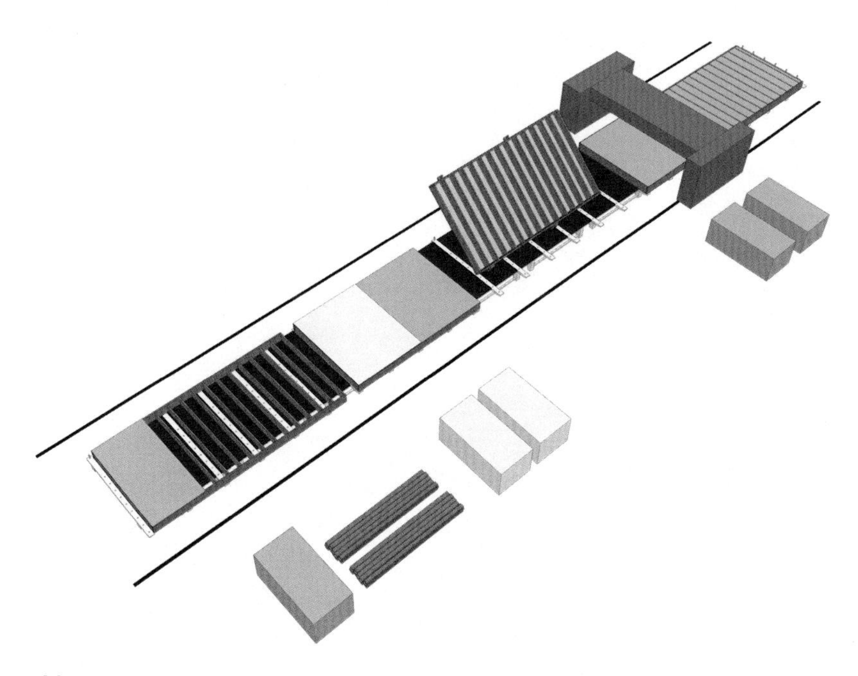

Abb. 3.6 Beispiel Linienfertigung im Holzbau mit Endlostisch

Prozesse und Fertigungstechnologien 4

Dieses Kapitel beschreibt die wichtigsten Prozesse einer Holzrahmenbauvorfertigung sowie dafür geeignete Technologien. Die gängigsten Automatisierungsstufen und -systeme sind in einer Übersicht dargelegt und wurden anhand jeweils relevanter Kriterien miteinander verglichen und bewertet. Die im Holzbau wesentlichen Materialformen sind stab- und plattenförmig. Deren Bearbeitungs- und Montageprozesse können vereinzelt voneinander abweichen, weshalb sie teils gesondert aufgeführt sind. Abb. 4.1 zeigt den im Folgenden betrachteten Prozessfluss, der je nach Fertigungsorganisation mit der Zuführung der Rohmaterialien an die Zuschnittanlage oder mit der Materialbereitstellung an den Stationen beginnt. Den Abschluss bilden die Optionen der Fassadengestaltung.

4.1 Materiallager und -zuführung

Die Art der Zuführung der Rohmaterialien an eine Anlage hängt von mehreren Faktoren ab. Zum einen kann sich die Lagerung und Zuführung von stab- und plattenförmigen Werkstoffen unterscheiden. Zum anderen hängt der Prozess von der Arbeitsweise der Maschine ab. Beispielsweise können Platten sowohl stapelweise als auch einzeln zugeschnitten werden. Weiterhin wird der Prozess dadurch beeinflusst, ob die Materialbeschaffung in immer gleichen Standarddimensionen oder auftragsbezogen z. B. in mehreren definierten Längen erfolgt. Materialien können dementsprechend entweder zusammengefasst gelagert und unmittelbar für die Bearbeitung entnommen werden oder erfordern eine sortierte Zuführung. Für letzteres besteht die Möglichkeit, dass die individuell vorbereiteten Materialien bereits kommissioniert geliefert und bei Bedarf für eine automatisierte Entnahme vorbereitet sind. Wird dies vom Zulieferer nicht gewährleistet, muss die Sortierung nach Bearbeitungsreihenfolge für die Maschinenzuführung im Werk

A. Heinzmann und N. Karatza, *Automatisierung und Digitalisierung im Holzbau*,
https://doi.org/10.1007/978-3-658-38763-1_4

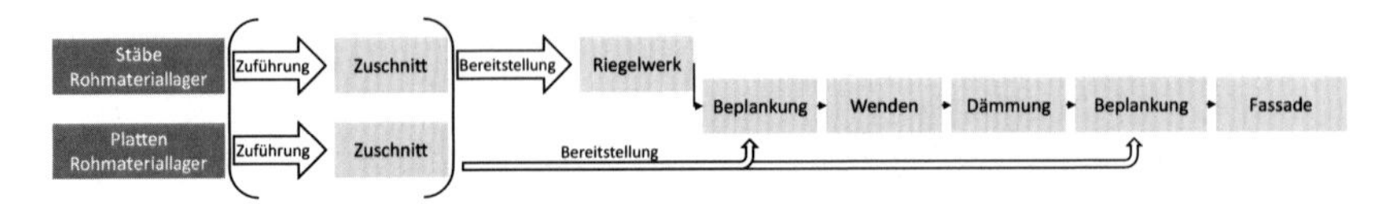

Abb. 4.1 Kernprozesse einer Holzrahmenbauvorfertigung

erfolgen. Es ist abzuwägen, ob die Zuführung sinnvoller automatisiert oder manuell zu gestalten ist. Sind Sortierung und Bereitstellung etwa sehr komplex oder zeitaufwendig, spricht dies eher für eine automatisierte Lösung.

4.1.1 Lagerung und Zuführung von Stäben

Im Holzrahmenbau war das Konstruktionsvollholz lange Zeit das gängigste stabförmige Material. In den vergangenen Jahren zeigen sich jedoch Entwicklungen im Holzbau hin zu komplexeren Bauwerken bis zur Hochhausgrenze oder darüber hinaus. Die Anzahl an mehrgeschossigen Wohnbauten in Holzbauweise hat sich seit 2011 beispielsweise verdreifacht (Statistisches Bundesamt 2020). Damit ändern sich auch die Anforderungen an die Bauteile. Gleichzeitig haben die Veränderungen und Schwankungen am Rohstoffmarkt Auswirkungen auf die Materialverfügbarkeit und -qualität (Jakob 2021), weshalb im Holzbau zunehmend neue Materialien und Werkstoffe in großer Varianz eingesetzt werden. Mit der steigenden Varianz der Rohmaterialien und mit der Komplexität der Bauteile nimmt die Relevanz der Prozessautomatisierung zu. Denn speziell auftragsunabhängig beschaffte Standardmaterialien oder beschaffte Teile mit Auftragsbezug, die vom Zulieferer nicht exakt zugeschnitten wurden, werden in der Produktion vorab für die Vormontage der Elemente formatiert und bearbeitet. Die Art der Bereitstellung der stabförmigen Bauteile, hängt nicht zuletzt von der Varianz der Stäbe ab. Für einen verschnittoptimierten Zuschnitt unterschiedlicher Bauteilausführungen ist eine größere Auswahl an Eingangsmaterialien sinnvoll. Daher wird ein Material häufig in diversen Längen und Dimensionen beschafft. Beim Zuschnitt unterschiedlicher Stangen muss sichergestellt werden, dass die richtige Dimension zur richtigen Zeit an die Maschine geliefert wird. Für die Bereitstellung und Zuführung gibt es unterschiedliche Optionen.

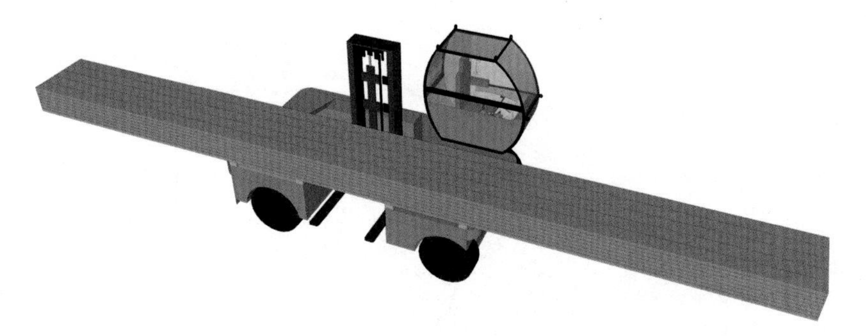

Abb. 4.2 Stabzuführung mittels Seitenstapler

4.1.1.1 Manuelle Stabzuführung mittels Seitenstapler

Die Zuführung der stabförmigen Bauteile durch einen Seitenstapler ist die Methode, die am weitesten verbreitet ist (s. Abb. 4.2). Dadurch, dass sie von Mitarbeitenden manuell durchgeführt wird, ist die Bereitstellung sehr flexibel. Insbesondere für die rechtzeitige Zuführung einzelner Dimensionen aus einer großen Varianz wird jedoch ein weit höherer Personaleinsatz benötigt als bei automatisierten Lösungen. Auch die Kommissionierung vor dem Zuschnitt ist bei dieser Zuführungsart nur manuell möglich.

4.1.1.2 Stabzuführung durch automatisches Flächenportal mit Einzelstab-Handling

Bei der Variante des Einzelstab-Handlings bewegt ein Flächenportal die Stangen in ein Zwischenlager bzw. in den Zuführbereich der Maschine. Die angelieferten Materialstapel werden auf einem Einlagerplatz abgestellt (Abb. 4.3, links), von wo aus das Portal jeden Stab einzeln aufnimmt. Die Sortierung der Einzelstäbe erfolgt nach Dimension und Länge in definierte Rungenfächer. Von dort werden die benötigten Einzelstäbe entnommen und der Maschine zugeführt.

Ein Rungenbereich ist in der Regel sortenrein. Bei selten verwendeten Querschnitten ist es jedoch auch möglich, gemischte Stapel in einem Fach zu bilden und diese z. B. über Nacht umzusortieren. Das Sortieren der Stäbe vom Einlagerplatz in die Rungen kann stattfinden, während die Maschine ein Holz bearbeitet. Denn dann hat sie keinen direkten Bedarf an Material. Stehen mehrere Einlagerplätze zu Verfügung, ist es möglich, Stapelpakete darauf abzustellen, von welchen

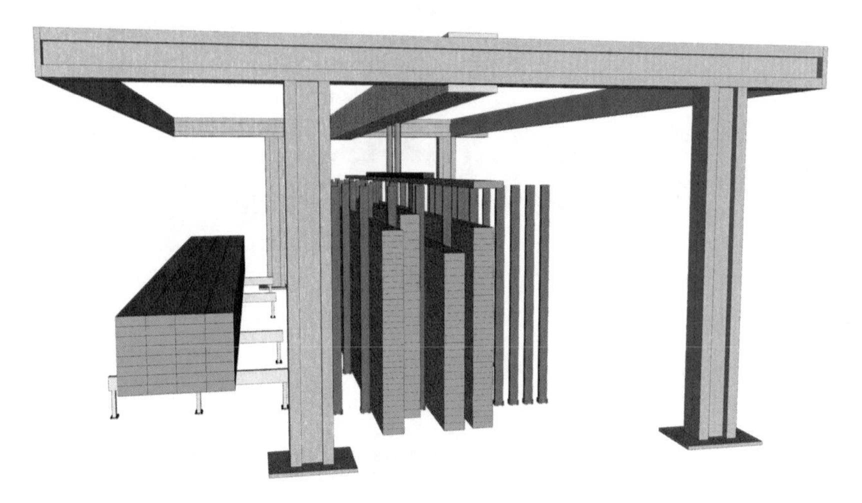

Abb. 4.3 Stabzuführung durch Flächenportal mit Einzelstab-Handling

die einzelnen Stäbe der Maschine direkt zugeführt werden können. Die Ersparung der vorherige Einlagerung in Rungen reduziert die Prozesszeit und erhöht die Ausbringung.

Ausbringung (nach VDI 3415, Blatt 1) pro Schicht (8 h):	250-300 Beschickungsvorgänge von Einzelstäben
Anzahl Mitarbeitende:	0 (lediglich zur Überwachung und Bereitstellung neuer Materialstapel, da automatisierter Prozess)
Anmerkung zur Ausbringung:	• Angabe für einen Einlagerplatz • jeder Stab muss 2-mal aufgenommen werden • die Ausbringung ist abhängig von der Größe des Portals und der Höhe der Stapel in den Rungen, da dies Einfluss auf die zurückzulegenden Wege hat

4.1.1.3 Stabzuführung durch automatisches Flächenportal mit Abnahme ganzer Stapellagen

Bei der Zuführung der Stangen durch ein Flächenportal mit lagenweiser Abnahme werden die Bauteile stapelweise eingelagert. Ein Sauger entnimmt jeweils eine ganze Lage Hölzer und legt sie auf dem Zuführungsbereich der Maschine ab (Abb. 4.4). Vorteilhaft ist hier, dass die Vereinzelung der Stäbe entfällt, wodurch das Handling reduziert wird. Aufgrund des erhöhten Platzbedarfs durch die stapelweise Lagerung unter dem Portal kann jedoch nur eine begrenzte Varianz an Stäben zur Verfügung gestellt werden. Das System ist daher vornehmlich für die hauptsächliche Nutzung von Standarddimensionen geeignet. Ein Risiko des lagenweisen Handlings ist, dass sich besonders verdrehte Stäbe vom Vakuumsauger lösen können. Dies reduziert die Prozesssicherheit. Es gilt außerdem zu beachten, das Flächenlager nicht zu groß zu gestalten, sodass die Verfahrzeiten des Portals die nötige Taktleistung einhalten können. Bei entsprechender Auslegung kann das Portal überdies für die Beschickung mehrerer Zuschnittanlagen eingesetzt werden.

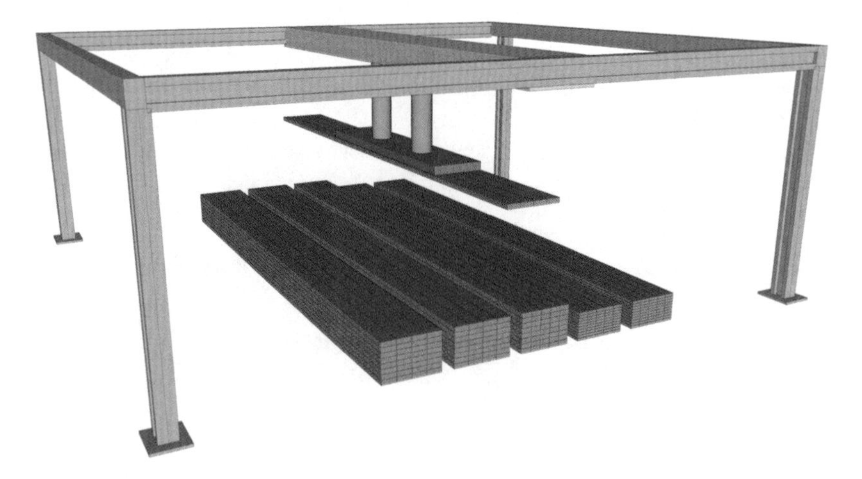

Abb. 4.4 Stabzuführung durch Flächenportal mit lagenweiser Abnahme

Ausbringung (nach VDI 3415, Blatt 1) pro Schicht (8 h)	250-300 Beschickungsvorgänge von Lagen mit mehreren Stäben
Anzahl Mitarbeitende:	0 (lediglich zur Überwachung und Bereitstellung neuer Materialstapel, da automatisierter Prozess)
Anmerkung zur Ausbringung:	• die Ausbringung ist abhängig von der Größe des Portals, da dies Einfluss auf die zurückzulegenden Wege hat

4.1.1.4 Vergleich und Einordnung der Stabzuführungssysteme

Ein Seitenstapler ist ein üblicher Einstieg für die innerbetriebliche Materiallogistik. Auch nach einer Anlageninvestition zur automatischen Beschickung ist er sinnvoll einzusetzen, um beispielsweise Stapel an einen Einlagerplatz zu bewegen. Der signifikant wachsende Bedarf an Varianz in Rohmaterialien erhöht allerdings die Anforderung an die Logistik im Maschinenumfeld und somit deutlich den Aufwand der manuellen Beschickung. Daher sind Automatisierungslösungen für die Materialzuführung nicht nur für größere Betriebe, sondern ganz allgemein nützlich (Tab. 4.1).

Bei Bestückungssystemen mit Flächenlagern ist zu beachten, dass deren Kapazitäten platzbedingt begrenzt sind. Somit bilden sie lediglich einen Puffer, aus

Tab. 4.1 Vergleich der Stabzuführungssysteme (Bewertung der Kriterien von exzellent (+++) bis mangelhaft (−−))

Kriterien	Seitenstapler	Flächenportal Einzelstab	Flächenportal lagenweise
Flexibilität	+++	++	−
Personaleinsatz	−	++	++
Automatisierungsgrad	−−	+++	++
Investition	++	−	−
Zukunftsfähigkeit	−	++	+
Platzbedarf	+	−	−
Anforderungen an Daten	+++	−	−
Prozesssicherheit	+++	+	−

dem die Anlage für einige Arbeitsschichten mit Material versorgt werden kann, und beherbergen nicht das gesamte Rohmateriallager.

Weiterhin ist zu berücksichtigen, dass automatisierte Technologien erhöhte Anforderungen an die Lagerverwaltungs- und Zuschnittdaten bedingen. Insbesondere ein verschnittoptimierter Zuschnitt erfordert unterschiedliche Längen eines Materials, welche dementsprechend im Puffer verwaltet werden müssen.

4.1.2 Lagerung und Zuführung von Platten

Auch bei der Zuführung der Plattenmaterialien in die Bearbeitungsanlagen gilt es einige Faktoren zu beachten. Neben den Dimensionen und der Plattendicke müssen für das Handling die Materialdichte und Festigkeit berücksichtigt werden. So ist zu unterscheiden, welche Materialien ansaugbar sind und welche hingegen gegriffen werden müssen, wie etwa manche luftdurchlässige Holzweichfaserplatten. Die Art der Bearbeitung in der Anlage bestimmt die Zuführung als Stapel oder Einzelplatte.

4.1.2.1 Manuelle Plattenzuführung mittels Stapler aus Blocklager

Die Plattenzuführung aus einem Blocklager durch Mitarbeitende mittels Stapler ist bislang die am weitesten verbreitete Methode, da sie sehr einfach und flexibel ist (Abb. 4.5). Die zunehmende Varianz an verbauten Plattenarten und -formaten erhöht jedoch den Bedarf der Plattenwechsel an der Anlage und damit auch den nötigen Personaleinsatz. Dies führt schnell zu Engpässen und wirkt sich auf die Leistung der Anlage aus.

4.1.2.2 Plattenzuführung durch automatisches Flächenportal

Ein Flächenlager mit Zuführung an eine angebundene Maschine läuft vollautomatisiert ab (Abb. 4.6). Für die Einlagerung werden die gelieferten Plattenstapel auf einem definierten Einlagerplatz abgestellt, von welchem aus ein Flächenportal die Platten einzeln entnimmt und einsortiert. Die Sortierung im Flächenlager erfolgt entweder sortenrein oder in Form gemischter Stapel. Um Umsortierzeiten durch das Flächenportal zu vermeiden, wird meist mit sortenreinen Stapeln gearbeitet. Gemischte Stapel sind für selten genutzte Materialien in geringem Bestand oder für Plattenreste sinnvoll. Vor der Zuführung der gemischten Platten in den Zuschnitt ist ein Umsortieren in Bearbeitungsreihenfolge erforderlich. Dies kann beispielsweise nachts durchgeführt werden, um Wartezeiten der Anlage zu vermeiden.

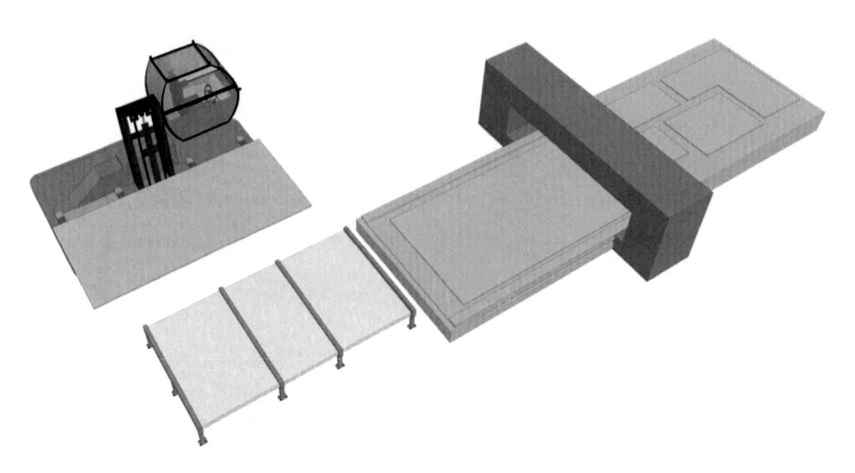

Abb. 4.5 Plattenzuführung mittels Stapler

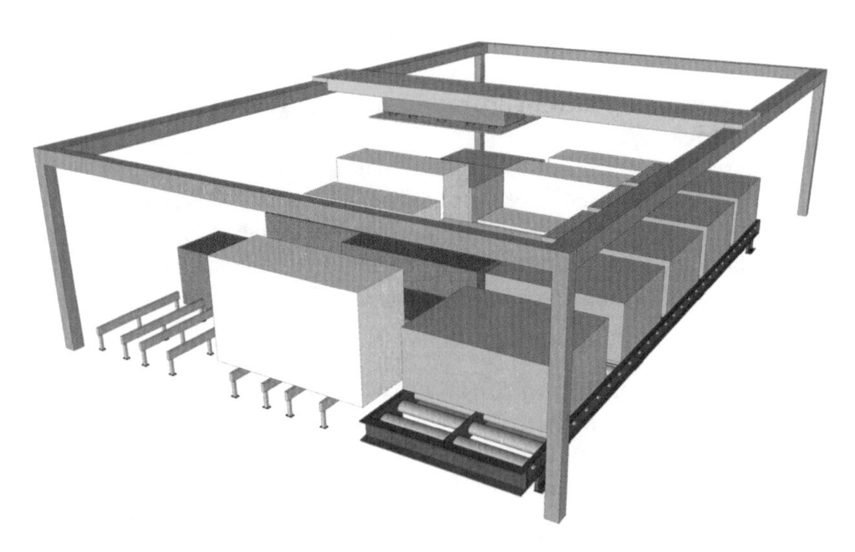

Abb. 4.6 Plattenzuführung durch Flächenportal

Eine höhere Flexibilität und signifikant höhere Leistung im Zuführungsprozess wird durch die Nutzung mehrerer Einlagerplätze oder einer Förderstrecke mit Stellplätzen erreicht (Abb. 4.6, rechts). Von dort aus befördert das Portal die Einzelplatten ohne ein Einlagern unmittelbar vom Stapel zur Maschine. Das Vorgehen macht sich besonders bezahlt, wenn mehrere Zuschnittanlagen von einem Flächenportal beschickt werden.

Ausbringung (nach VDI 3415, Blatt 1) pro Schicht (8 h):	200-250 Beschickungsvorgänge von Einzelplatten
Anzahl Mitarbeitende:	0 (lediglich zur Überwachung und Bereitstellung neuer Materialstapel, da automatisierter Prozess)
Anmerkung zur Ausbringung:	• Angabe für einen Einlagerplatz • jede Platte muss 2-mal aufgenommen werden • die Ausbringung ist abhängig von der Größe des Portals, da dies Einfluss auf die zurückzulegenden Wege hat

4.1.2.3 Plattenzuführung aus Hochregallager

Hat man die Möglichkeit die Hallenhöhe auszunutzen, kann ein Hochregallager für die Plattenlagerung und -zuführung genutzt und Platzbedarf in der Fläche verringert werden (Abb. 4.7). Die Regalsysteme sind meist Standardkomponenten, bei denen die Fächer in der Höhe individuell einstellbar sind. Dadurch ist es sowohl möglich ganze Plattenstapel in unterschiedlichen Höhen als auch einzelne Platten einzulagern. Durch die hohe Anzahl an möglichen Stellplätzen ist es meist nicht erforderlich, unterschiedliche Platten auf einzelnen Stapeln zu mischen. Die Stapel sind daher üblicherweise nur sortenrein gelagert.

Kern eines Hochregallagers ist ein automatisches Regalbediengerät. Dieses ist zur Materialbewegung mit einem Vakuumheber und/oder einer Gabel ausgestatten. Der Vakuumsauger entnimmt die Platten einzeln aus dem Lager und legt sie auf eine Übergabestation, von wo sie auf den Maschinentisch gefördert werden. Alternativ hebt das System die Platten mittels Gabel stapelweise ab und stellt sie so bereit. Dabei ist zu beachten, dass Stapel, deren Platten nicht vollkommen aufgebraucht wurden, wieder einzulagern sind. Je nach Anforderungen kann

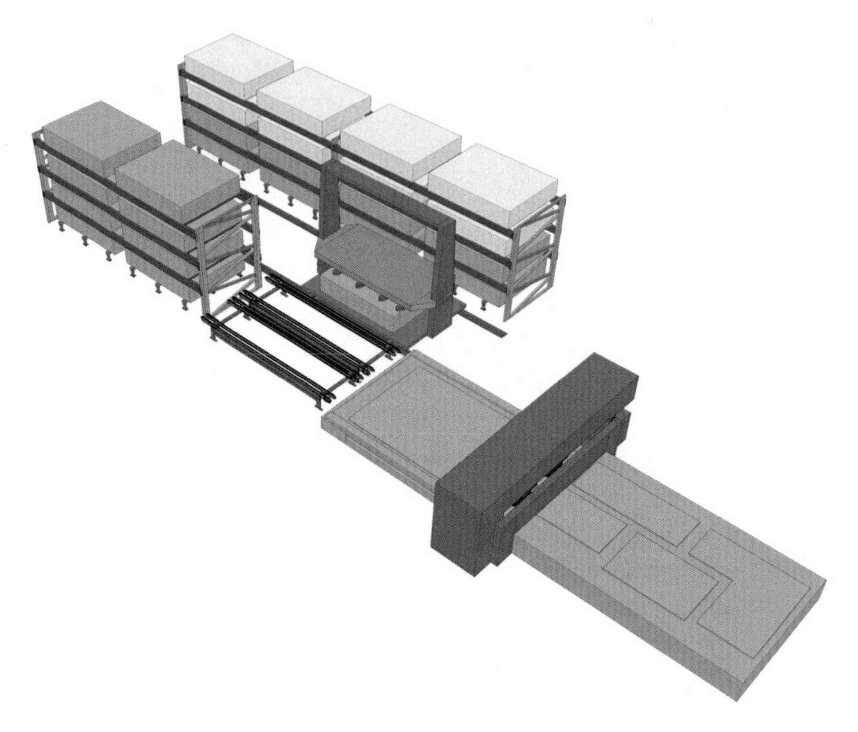

Abb. 4.7 Plattenzuführung aus Hochregallager

eine Kombination der Handling-Systeme genutzt werden, um Platten beispielsweise mit einer Gabel stapelweise einzulagern und mittels Vakuumsauger einzeln auszulagern.

Ausbringung (nach VDI 3415, Blatt 1) pro Schicht (8 h):	250-300 Beschickungsvorgänge von Einzelplatten
Anzahl Mitarbeitende:	0 (lediglich zur Überwachung und Bereitstellung neuer Materialstapel, da automatisierter Prozess)
Anmerkung zur Ausbringung:	• stapelweise Einlagerung und Entnahme von Einzelplatten durch das Regalbediengerät • die Ausbringung ist abhängig von der Größe des Regals, da dies Einfluss auf die zurückzulegenden Wege hat

4.1.2.4 Vergleich und Einordnung der Plattenzuführungssysteme

Die Nutzung vieler unterschiedlicher Materialien und Formate bedingt häufige Plattenwechsel. Insbesondere dann erfordert die manuelle Bereitstellung mithilfe eines Staplers einen erheblichen Personaleinsatz. Weiterhin ist bei diesem System das Risiko von Maschinenstillständen durch Stapelwechselzeiten sehr hoch. Automatisierte Lösungen stellen dahingegen sicher, dass eine Maschine ununterbrochen mit Material versorgt ist. Flächenlager sind in den meisten Fällen eine sinnvolle Automatisierungslösung, da sie bei einer mittleren Investitionssumme ausreichende Leistung, Kapazität und Flexibilität bieten. Bei einer hohen Varianz an Rohplatten und/oder begrenzten Platzverhältnissen erweist sich das Hochregallager als zweckmäßige Alternative (Tab. 4.2).

4.2 Vorgelagerter Materialzuschnitt

Einzelne Prozesse der Vorfertigung im Holzbau können sinnvoll vorgelagert werden. Ziel ist es dabei, Materialien, Bauteile oder Baugruppen so vorzubereiten, dass sie die Montageprozesse entlasten und somit die Durchlaufzeiten verkürzen. Vorteile sind im Holzbau speziell durch einen vorgelagerten Materialzuschnitt zu erzielen. Da sich die meisten Gebäudeelemente untereinander unterscheiden, müssen Materialien in jedem Fall individuell für ihren jeweiligen Einbau zugeschnitten und bearbeitet werden. Löst man diese spanenden Bearbeitungen von der Elementmontage, wird dort das Abfallaufkommen und Reste-Handling von Materialien eliminiert. Für die Absaugung von Staub und Spänen ist somit nur

Tab. 4.2 Vergleich der Plattenzuführungssysteme (Bewertung der Kriterien von exzellent (+++) bis mangelhaft (− − -))

Kriterien	Stapler	Flächenportal	Hochregallager
Flexibilität	+++	++	++
Variantenfähigkeit für viele unterschiedliche Materialien	−	++	+++
Investition	++	+	−
Zukunftsfähigkeit	−	++	++
Platzbedarf	+	−	++
Anforderungen an Daten	+++	−	−
Prozesssicherheit	+++	+	+

am Arbeitsbereich des Zuschnitts, nicht aber in weiteren Produktionsbereichen zu sorgen.

Einen weiteren wesentlichen Nutzen bringt die Möglichkeit des verschnittoptimierten Materialzuschnitts. Um das Material durch eine Zuschnittanlage optimal ausnutzen zu können, werden die zuzuschneidenden Teile vorab digital in einem CAD/CAM-System geplant und zu Fertigungslosen (z. B. alle Platten eines Materials für sechs Wände) zusammengefasst. Eine weitere Software verarbeitet anschließend die Spezifikationen aller Teile eines Loses und erstellt ein Schnittbild, mit dem das Rohmaterial optimal ausgenutzt wird. Aus einem Rohmaterialteil werden so mehrere Bauteile und möglichst wenig Verschnitt erzeugt.

Der verschnittoptimierte Materialzuschnitt in Fertigungslosen hat zur Folge, dass die Bearbeitung der Teile nicht in der Reihenfolge geschieht, in der sie in der Vorfertigung verbaut werden. Die individuell bearbeiteten Bauteile müssen daher kommissioniert, sortiert und für die jeweilige Arbeitsstation korrekt und rechtzeitig bereitgestellt werden. Insgesamt lässt sich sagen, je größer das Fertigungslos bzw. die Anzahl an gemeinsam zuzuschneidenden Einzelteilen, umso besser die Verschnittoptimierung, desto höher jedoch der anschließende Sortieraufwand.

Die Auswahl der Technologie hängt wie bei den meisten Prozessen von der geforderten Leistung, den jeweiligen Materialien sowie der Komplexität der Bearbeitungen ab. Diese können einfache rechtwinklige Zuschnitte, Schrägschnitte, Ausklinkungen, Bohrungen oder spezifischere Bearbeitungen wie beispielsweise das Fräsen von Kabelkanälen in einer Dämmplatte der Installationsebene sein. Je nach Ausführlichkeit dieses Prozesses werden die Bauteile in der Montage erneut bearbeitet oder lediglich eingebaut.

4.2.1 Stabzuschnitt

Der Zuschnitt der stabförmigen Bauteile wird nur vorgelagert betrachtet, da Holzrahmenbaufertigungen fast ausschließlich auf diese Weise organisiert sind. Die Stäbe werden verschnittoptimiert zu Losen zusammengefasst und automatisiert zugeschnitten. Da die großen Dimensionen für eine anschließende Sortierung schwer zu handhaben sind, erfolgt der Zuschnitt der Langteile üblicherweise nicht in Losen mit Kleinteilen. Stattdessen werden sie in der benötigten Montagereihenfolge zugeschnitten. Die Beschaffung unterschiedlicher Rohmateriallängen reduziert den Verschnitt, indem bei passender Wahl der Eingangslänge nur kurze Reststücke anfallen.

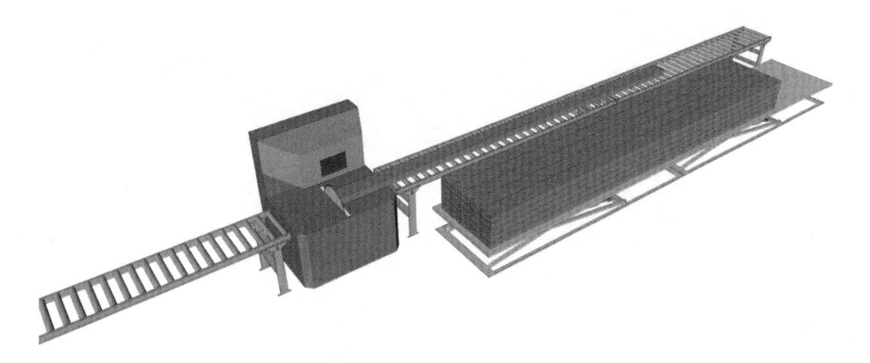

Abb. 4.8 Stabzuschnitt durch Kappanlage

4.2.1.1 Kappanlage für Stäbe

Die geringste Automatisierungsstufe für den Zuschnitt stabförmiger Bauteile stellt die Kappanlage dar. Neben manuell bedienbaren Maschinen gibt es halbautomatische Sägen. Sie unterstützen mittels Datenanbindung und elektronischem Anschlag in der Positionierung der Bauteile und schneiden die Hölzer automatisch zu. Die Datenübertragung ermöglicht außerdem einen verschnittoptimierten Zuschnitt durch die Abarbeitung von Schnittlisten. Geeignet sind diese Sägen für einfache Kapp- und Gehrungsschnitte. Je nach Auslegung können mehrere Hölzer übereinandergeschichtet gleichzeitig zugeschnitten werden (Abb. 4.8).

Ausbringung (nach VDI 3415, Blatt 1) pro Schicht (8 h):	bis zu 1.000 einfach Zuschnitte
Anzahl Mitarbeitende:	2 (für maximale Leistung)
Anmerkung zur Ausbringung:	• kapazitätsbestimmend sind die Bedienenden, die üblicherweise auch Logistik- und Sortieraufgaben übernehmen wie die manuelle Teilezuführung und -abnahme

4.2.1.2 Stabzuschnittanlage mit erweiterten Bearbeitungen

Sind über den einfachen Längenzuschnitt hinaus weitere Bearbeitungen erforderlich, ist der Einsatz einer vollautomatischen Zuschnittanlage dienlich (Abb. 4.9). Diese führt zusätzlich zu beliebigen Winkel- und Neigungsschnitten simple Bohr-

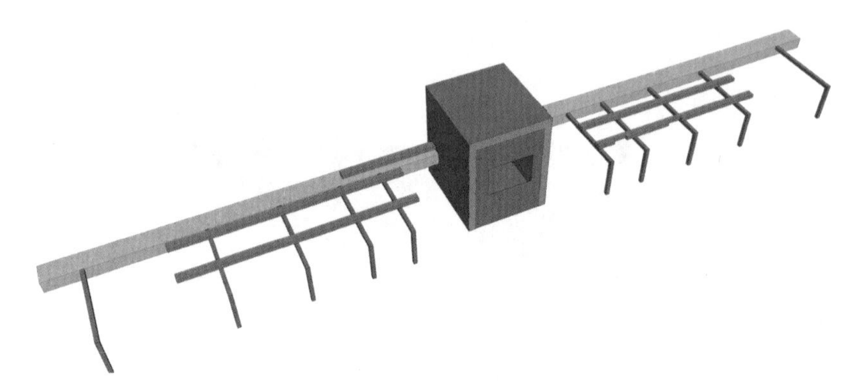

Abb. 4.9 Stabzuschnitt durch Zuschnittanlage mit erweiterten Bearbeitungen

und Fräsbearbeitungen aus. Maschinen dieser Art gewährleisten sowohl in der Positionierung und Handhabung als auch im Zuschnitt eine hohe Präzision und Leistung. Die Bearbeitung mehrerer aufeinandergestapelter Hölzer ist hier ebenfalls möglich. Fördersysteme übernehmen die Zuführung der Werkstücke sowie die Abführung von Materialresten, Spänen und Staub. Mit der Nutzung solch einer Maschine ist bei einfachen Bauteilen wie Ständern, Schwelle und Rähm für den Holzrahmenbau ein hoher Durchsatz möglich.

Ausbringung (nach VDI 3415, Blatt 1) pro Schicht (8 h):	bis zu 1.000 einfache Zuschnitte
Anzahl Mitarbeitende:	1
Anmerkung zur Ausbringung:	• kapazitätsbestimmender Faktor ist hier die Komplexität und Häufigkeit der erweiterten Bearbeitungen wie Bohrungen oder Fräsungen • automatische Zuführung von Stäben durch Hubtisch oder Flächenportal

4.2.1.3 Abbundanlage

Die höchste Flexibilität für den Stabzuschnitt bietet eine Abbundanlage (Abb. 4.10). Hier gibt es unterschiedliche Maschinenbaukonzepte. Zum einen

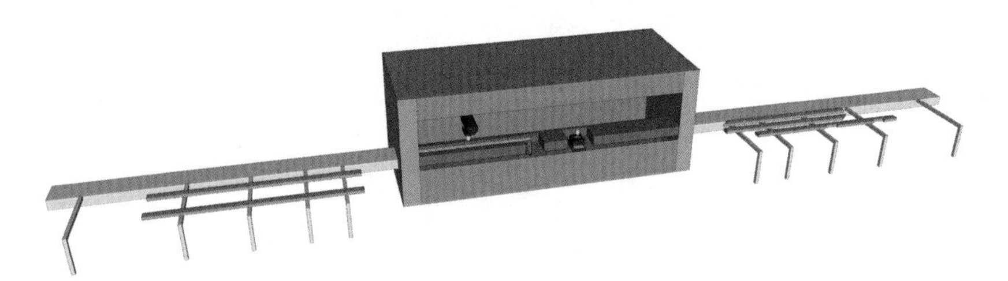

Abb. 4.10 Stabzuschnitt durch Abbundanlage

können unterschiedliche Bearbeitungsaggregate in Reihe geschaltet werden, wobei das Werkstück durch die Anlage hindurch von einem Bearbeitungsbereich in den nächsten gefördert wird. Zum anderen gibt es Konzepte auf Basis eines Werkzeugwechselsystems, bei denen die Werkstückbearbeitung auf einen einzelnen Bereich begrenzt ist. In einer Bearbeitungsspindel werden unterschiedliche Werkzeuge wie Sägeblatt, Fräser, Bohrer, etc. eingespannt. Zuführung, Positionierung, Zuschnitt und Bearbeitung sowie Abführung laufen vollautomatisiert ab. Die Anlagen bieten vielseitige Bearbeitungsmöglichkeiten für komplexe Bauteile.

Ausbringung (nach VDI 3415, Blatt 1) pro Schicht (8 h):	bis zu 500 Zuschnitte mit komplexeren Bearbeitungen
Anzahl Mitarbeitende:	1
Anmerkung zur Ausbringung:	• kapazitätsbestimmender Faktor ist hier die Komplexität der Bearbeitungen • komplexe Bauteile können mehrere Minuten Bearbeitungszeit in Anspruch nehmen • automatische Zuführung von Stäben durch Hubtisch oder Flächenportal

4.2.1.4 Vergleich und Einordnung der Stabzuschnittanlagen

Je nach Anforderung an die Leistung und Bearbeitungen ist die Kombination mehrerer Maschinenkonzepte in einer Fertigung möglich. So kann beispielsweise eine Abbundanlage primär für die Bearbeitung von Bauteilen für Dach- und Deckenelementen zum Einsatz kommen, während eine Zuschnittanlage die

Tab. 4.3 Vergleich der unterschiedlichen Stabzuschnittanlagen (Bewertung der Kriterien von exzellent (+++) bis mangelhaft (−−-))

Kriterien	Kappanlage	Zuschnitt anlage	Abbundanlage
Platzbedarf	+	−	−
Abfall-Handling	−	++	++
Ausbringleistung einfacher Zuschnitte	+	++	−
Bearbeitung komplexer Bauteile	−−	−	+++
Komplexität Datenanbindung	+	−	−
Verschnittoptimierung	−	++	++
Kompatibilität mit Automatisierung	−	++	++

der Wandfertigung übernimmt. Komplexere Bauteile der Wandfertigung können dennoch durch die Abbundanlage erstellt werden. Mit der gleichzeitigen Nutzung mehrerer Maschinenkonzepte steigen allerdings die Anforderungen an die Datengenerierung. Während der Planung eines Gebäudes wird im CAD/CAM-System das Merkmal gesetzt, auf welcher Anlage die Bauteile gefertigt werden sollen. Bislang erfolgt die Zuordnung manuell, da keine verfügbare Software existiert. Ideal wäre eine flexible automatische Zuweisung auf Basis der Anlagenverfügbarkeit und Bauteilanforderungen (Tab. 4.3).

4.2.2 Plattenzuschnitt

Der Zuschnitt plattenförmiger Materialien und Bauteile ist sowohl für den Holzrahmenbau als auch für Elementfertigungen mit Brettsperrholz- oder Massivholzteilen relevant. Der Prozess wird sowohl vorgelagert als auch in der Vormontage integriert umgesetzt. Im folgenden Abschnitt werden sowohl die zwei Konzepte verglichen als auch der Einsatz von am Markt vorhandenen Maschinen für den vorgelagerten Zuschnitt aufgezeigt.

4.2.2.1 Vergleich der Methoden zum Plattenzuschnitt

Der Plattenzuschnitt auf dem Montagetisch wird nach der Beplankung des Elements durchgeführt. Die gewählte Technologie schneidet die Platten vor Ort zu, erstellt Ausschnitte für Fenster und Türen sowie Ausfräsungen für Steckdosen o. ä. Für dieses Konzept werden weder Sortiertätigkeiten noch -plätze benötigt (Abb. 4.11). Jedoch können die Bearbeitungszeiten den Fertigungsfluss einer

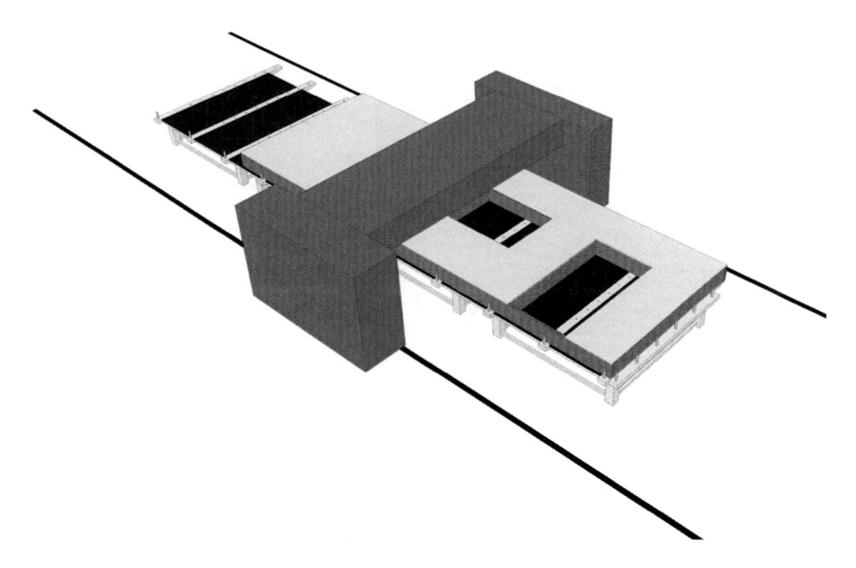

Abb. 4.11 Beispiel Plattenzuschnitt am Elementtisch durch Portal

Linienfertigung stören, sobald die einzelnen Elementausführungen stark voneinander abweichen. Des Weiteren fallen hierbei Staub, Späne und Reste in der Fertigung an, die abtransportiert bzw. abgesaugt werden müssen. Dies ist bei verfahrbaren Automatisierungen technisch nur erschwert realisierbar und führt zu erhöhter Staubbelastung am Arbeitsbereich.

Für den vorgelagerten Plattenzuschnitt müssen die relevanten Bearbeitungsinformationen aller Einzelplatten bereits früher im Prozess an die Anlage übergeben werden (Abb. 4.12). Für die Arbeitsvorbereitung kommt es daher zu einem erhöhten Arbeitsaufwand. Da die spanende Bearbeitung aller Teile hier gesammelt an einem Ort stattfindet, ist die Abfallentsorgung einfacher zu gestalten. Nach dem verschnittoptimierten, losweisen Zuschnitt (siehe Abschn. 4.2) werden die Teile in einem zusätzlich benötigten Bereich sortiert. Die Genauigkeit der Sortierung hängt vom Automatisierungsgrad im Umfeld der Zuschnittanlage sowie den Anforderung durch die Elementmontage ab (siehe Abschn. 4.3). Die sortierten Teile werden dann gepuffert und rechtzeitig an die Vormontage geliefert.

In Tab. 4.4 sind die Unterschiede der zwei Varianten zum Plattenzuschnitt zusammengefasst. Beide Methoden wurden automatisiert betrachtet.

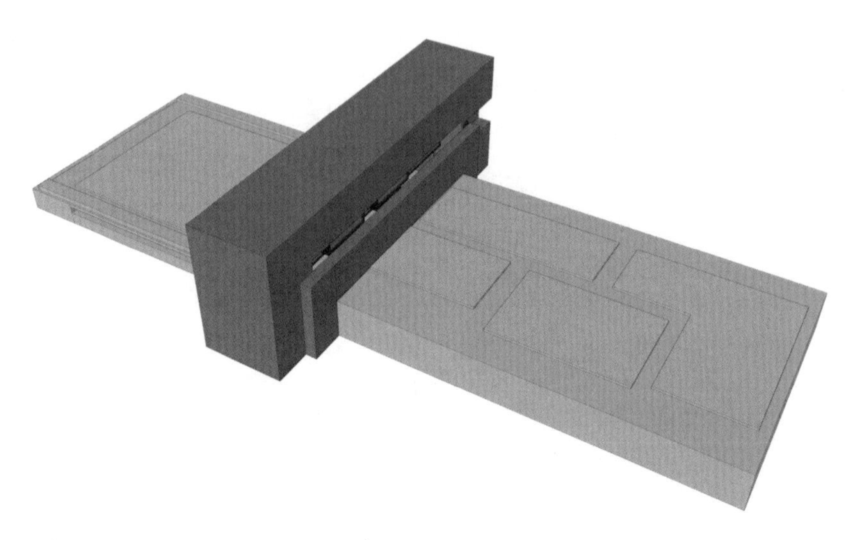

Abb. 4.12 Beispiel vorgelagerter Plattenzuschnitt auf Zuschnittanlage

Tab. 4.4 Vergleich der unterschiedlichen Plattenzuschnittmethoden (Bewertung der Kriterien von exzellent (+++) bis mangelhaft (−−))

Kriterien	Auf dem Elementtisch	Vorgelagert
Sortieraufwand	++	−
Platzbedarf	++	−
Abfall-Handling	−	++
Komplexität Materialbereitstellung	+	−
Komplexität Datenanbindung	+	−
Ressourcenausnutzung	−	++
Kompatibilität mit Fertigungsprinzipien	+	+
Kompatibilität mit Automatisierung	+	++
Prozesssicherheit bei Automatisierung	−	+

Um eine fundierte Entscheidung zwischen den Methoden für eine bestimmte Produktion treffen zu können, bedarf es der Betrachtung der gesamten Prozesskette. Denn die einzelnen Faktoren haben Auswirkungen auf die unterschiedlichen Bereiche. Während ein Zuschnitt am Elementtisch zwar weniger aufwendig in der Arbeitsvorbereitung und Logistik ist, sind dagegen die Fertigungsprozesse zeitintensiver und nicht optimal kalkulierbar. Darüber hinaus ist ein automatisiertes Auflegen von nicht zugeschnittenen Platten durch hohe Toleranzen der Eingangsmaterialien kaum zu realisieren. Dahingegen erfordert der vorgelagerte Plattenzuschnitt erhöhte Investitionen sowie einen höheren Platzbedarf in den vorgelagerten Prozessen. Die Elementfertigung und der Produktionsfluss laufen jedoch reibungsloser ab. Weiterhin sollte in der Entscheidungsfindung der Automatisierungsgrad der Produktion berücksichtigt werden. Wird beispielsweise vollautomatisiert mit Robotern gearbeitet, kann es sinnvoll sein, spanende Bearbeitung aus diesem Bereich auszulagern. Zugeschnittene Platten, die in der richtigen Montagereihenfolge sortiert sind, können in einem vorhersehbaren Prozess vollautomatisiert, prozesssicher verbaut werden.

Zusammenfassend ist zu sagen, dass die Ressourceneffizienz im Bereich Rohmaterial klar für einen vorgelagerten Plattenzuschnitt spricht, welcher außerdem nachgelagerte Automatisierungen begünstigt.

4.2.2.2 Horizontale Plattensäge

Die horizontale Plattensäge, auch Druckbalkensäge genannt, ist eine kompakte Lösung für den Plattenzuschnitt (Abb. 4.13). Sie liefert präzise Schnittergebnisse für Einzelplatten und Paketzuschnitte. Die Beschickung der Plattensäge ist sowohl von vorne als auch von hinten möglich. Da die Säge jedoch nur linear verfährt, ist der Schnittplan eingeschränkt, weshalb Verschachtelungen und Ausklinkungen sowie Ausfräsungen oder Bohrungen nicht realisierbar sind. Werden diese Bearbeitungen benötigt, ist ein zweiter Zuschnittprozess am Element unumgänglich. Zu beachten ist dann, dass Plattenreste und Abfälle an beiden Zuschnittbereichen anfallen. Es kommt außerdem sowohl für den Zuschnittprozess als auch für die Späneabsaugung zu doppeltem Energiebedarf an beiden Stellen. Der zweistufige Prozess ermöglicht trotz Bearbeitungen am Element einen vorgelagerten, verschnittoptimierten Plattenzuschnitt.

Ausbringung (nach VDI 3415, Blatt 1) pro Schicht (8 h):	bis zu 1.000 Zuschnitte
Anzahl Mitarbeitende:	1
Anmerkung zur Ausbringung:	• einfache Druckbalkensäge (keine Winkelsäge) • Zuschnitt von Einzelplatten (kein Paketschnitt) • automatische Zuführung von Plattenmaterialien durch Hubtisch oder automatisches Lager

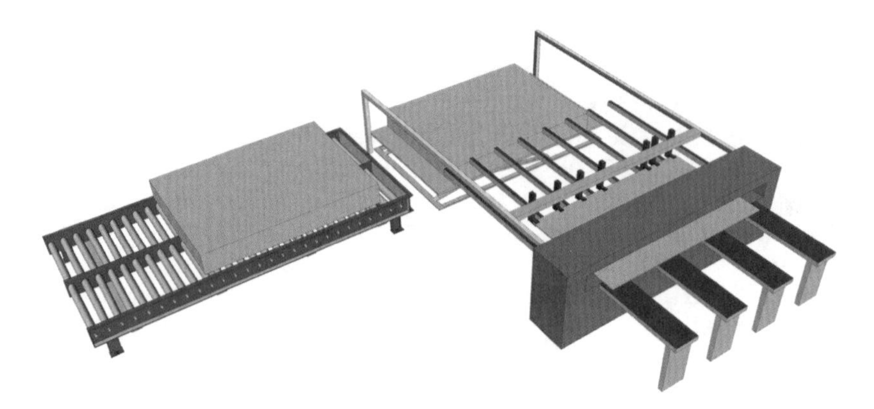

Abb. 4.13 Plattenzuschnitt durch horizontale Plattensäge

4.2.2.3 CNC-Bearbeitungszentrum mit Vakuumtisch

Eine CNC-Maschine verarbeitet CAD-Dateien mittels Steuerungstechnik und bearbeitet Werkstücke vollautomatisiert (Abb. 4.14). Die Platten werden auf dem Vakuumtisch der Anlage aufgelegt, dort angesaugt und stationär positioniert, während die Werkzeugaggregate für die Bearbeitung verfahren. Hierbei ist sicherzustellen, dass die zu bearbeitenden Plattenmaterialien über eine geeignete Dichte verfügen, um angesaugt werden zu können. Die Anlagen können mehrere Werkzeuge mit bis zu fünf Achsen bewegen. Somit sind sehr präzise komplexe Schnitte, Fräsungen und Bohrungen möglich. Die Bearbeitung und Formatierung der Platten findet im Normalfall mittels Fingerfräser statt. Müssen Platten größerer Stärke wie z. B. 80 mm dicke Holzweichfaserplatten formatiert werden, ist die erhöhte Brandgefahr zu beachten. Denn das größere Span- und Staubaufkommen führt zum Zusetzen der Fräsgänge. Daher sollten diese Zuschnitte zwangsläufig von einem Sägeblatt übernommen werden. Die anschließende Abnahme der bearbeiteten Plattenteile kann manuell oder beispielsweise mithilfe von Robotern automatisiert erfolgen.

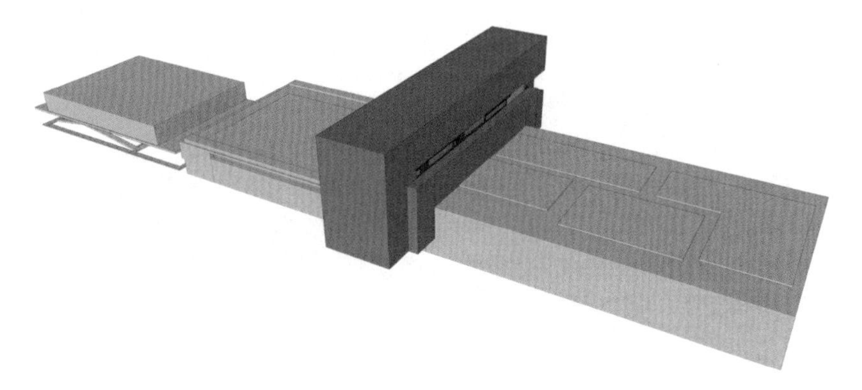

Abb. 4.14 Plattenzuschnitt durch CNC-Bearbeitungszentrum

Ausbringung (nach VDI 3415, Blatt 1) pro Schicht (8 h):	bis zu 500 Zuschnitte
Anzahl Mitarbeitende:	1
Anmerkung zur Ausbringung:	• Fräsungen für Steckdosen, Kabelkanäle etc. sind in der Leistung anteilig berücksichtigt • automatische Zuführung von Plattenmaterialien durch Hubtisch oder automatisches Lager

4.2.2.4 CNC-Plattenzuschnittanlage

Bei der hier beschriebenen Zuschnittanlage wird das Werkstück seitlich und/oder von hinten mit Backengreifern gehalten. Der Vorschub des Werkstücks erfolgt in x-Richtung, während die Bearbeitungsaggregate für Schnitte, Fräsungen und Bohrungen in y- und z-Richtung verfahren. Während bei derartigen Anlagen der Einsatz von Fräsern üblich ist, ist eine Ausstattung mit Werkzeugwechslern für unterschiedliche Aggregate herstellerabhängig möglich. Die Bewegungskombination von Werkstücken und Werkzeugen erlaubt die Bearbeitung aller Werkstückformen in allen Richtungen. Stärkere Platten müssen auch hier mittels

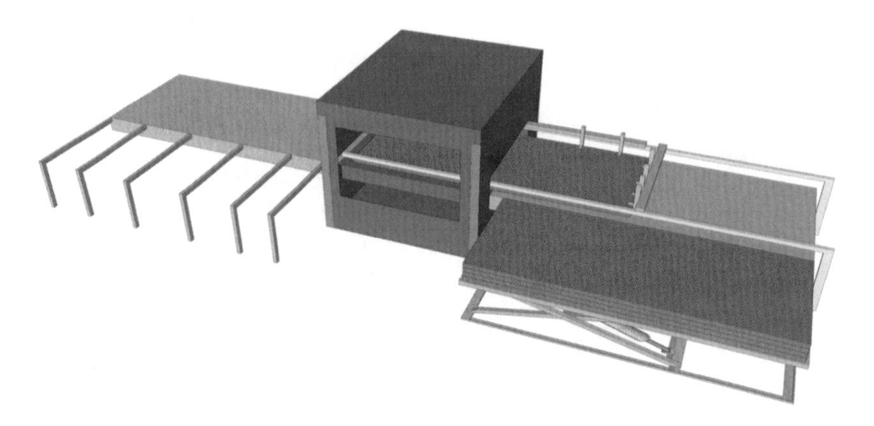

Abb. 4.15 Plattenzuschnitt durch CNC-Plattenzuschnittanlage

Sägeblatt zugeschnitten werden (vgl. Abschn. 4.2.2.3). Die zugeschnittenen Bauteile können entweder vereinzelt entnommen oder als gesamtes Nest abgeschoben werden. Für die automatisierte Abnahme durch z. B. Roboter ist bei letzterem eine Vereinzelung und generell eine Referenzierung der Plattenteile nötig, indem sie beispielsweise gegen einen Anschlag gefahren werden (Abb. 4.15).

Ausbringung (nach VDI 3415, Blatt 1) pro Schicht (8 h):	bis zu 600 Zuschnitte
Anzahl Mitarbeitende:	1
Anmerkung zur Ausbringung:	• Fräsungen für Steckdosen, Kabelkanäle etc. sind in der Leistung anteilig berücksichtigt • automatische Zuführung von Plattenmaterialien durch Hubtisch oder automatisches Lager

4.2.2.5 Vergleich und Einordnung der Plattenzuschnittanlagen

Bei der Nutzung einer horizontalen Plattensäge für einen groben Vorschnitt liegt der Fokus auf der optimalen Materialausnutzung. Andere ressourcenschonende Kriterien wie der Energieverbrauch und die Absaugleistung durch die doppelte spanende Bearbeitung werden nicht ausreichend berücksichtigt. Die Bedürfnisse einer ressourcenoptimierten Fertigung können somit nur bedingt erfüllt werden. CNC-Bearbeitungszentren setzen voraus, dass die zu verarbeitenden Plattenmaterialien luftdicht und ansaugbar sind. Jedoch trifft dies nicht für alle im Holzbau verwendeten Werkstoffe zu. Das Halten der Platten durch Greifer wie bei CNC-Plattenzuschnittanlagen schränkt die Bearbeitungsmöglichkeiten dahingegen nicht durch die Materialität der Werkstücke ein (Tab. 4.5).

4.3 Sortierung, Pufferung und Kommissionierung

Der vorgelagerte Materialzuschnitt wird wie beschrieben in verschnittoptimierten Losen mit Bauteilen mehrerer Elemente durchgeführt. Daher ist für einen reibungslosen Montageprozess eine anschließende elementweise Kommissionierung der Zuschnittteile erforderlich. Idealerweise werden die Teile in Montagereihenfolge sortiert. Die im Folgenden aufgezeigten Lösungsansätze sind sowohl für Stäbe als auch für Platten anwendbar. Langteile wie u. a. Deckenbalken und Sparren werden meist gesondert von kurzen Teilen kommissioniert.

4.3.1 Manuelle Abnahme mit digitaler Unterstützung

Digitale Unterstützungen sind Lösungen geringen Automatisierungsgrades, die den Mitarbeitenden beispielsweise über das Scannen von Etiketten oder mittels Lichtsignalen kenntlich machen, wo das jeweilige Bauteil einzusortieren ist (s. a. Abschn. 4.14.4). Voraussetzung dafür ist die Entwicklung von Ladungsträgern, die es ermöglichen, jedes Einzelteil in eine definierte Position einzusortieren. Die Ladungsträger werden vorab genau verplant, sodass die Teile für die Montagereihenfolge in vorgegebene Fächer einzulegen sind. Sobald ein Ladungsträger für das jeweilige Element vollständig befüllt wurde, erhält die innerbetriebliche Logistik ein Signal und transportiert die Bauteile in einen Puffer oder direkt zur Elementmontage (Abb. 4.16).

4.3.2 Abnahme durch automatisiertes Flächenportal

Eine automatisierte Entnahmelösung ist die Nutzung eines Flächenportals, das die Bauteile aus dem Ausgabebereich der Maschine mittels Greifer oder Vakuumsauger entnimmt und in einen Puffer sortiert (Abb. 4.17). Die Teile können sowohl einzeln abgelegt als auch zu Stapeln zusammengefasst werden. Die Stapel werden

Tab. 4.5 Vergleich der unterschiedlichen Plattenzuschnittanlagen (Bewertung der Kriterien von exzellent (+++) bis mangelhaft (– – –))

Kriterien	Plattensäge	CNC-Bearbeitungszentrum	CNC-Platten-zuschnittanlage
Sortieraufwand	++	++	++
Platzbedarf	++	+	+
Abfall-Handling	+	–	+
Späneabsaugung	++	–	+
Komplexität Datenanbindung	++	+	+
Ressourcenausnutzung	+	++	++
Kompatibilität mit Automatisierung	+	+	+++
Zukunftsfähigkeit	–	+	++

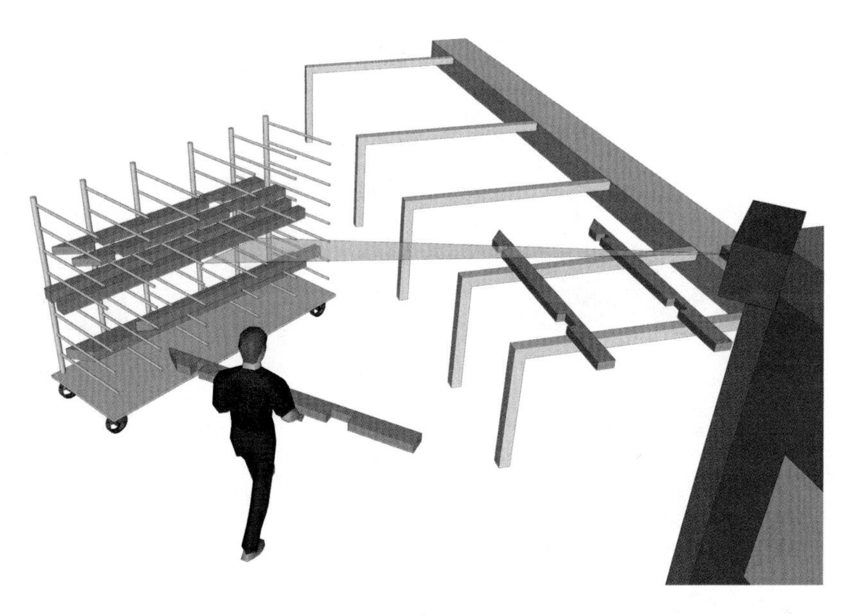

Abb. 4.16 manuelle Kommissionierung mithilfe digitaler Unterstützung am Beispiel von Stäben (für Platten analog)

entweder sortenrein oder, falls für eine optimale Platzausnutzung erforderlich, chaotisch gebildet und bei Bedarf umsortiert. Die automatische Kommissionierung durch das Portal kann Teile nach Elementen sortiert stapeln oder diese auf einem Fördersystem zur Anbindung an den nachgelagerten Prozess ablegen.

Diese Technologielösung ist sowohl für lange als auch für kurze Bauteile geeignet. Für Plattenmaterialien erweist sie sich jedoch nur bedingt als sinnvoll, da der Flächenbedarf hier sehr groß ist.

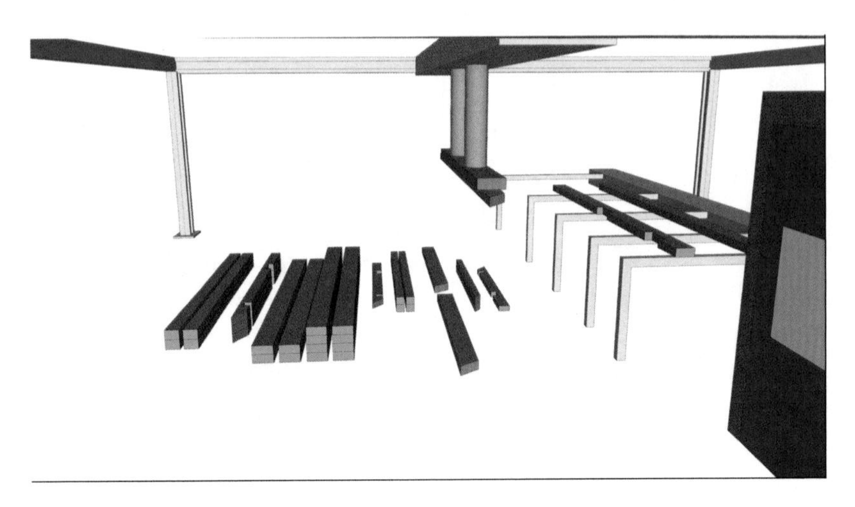

Abb. 4.17 Abnahme durch automatisiertes Flächenportal am Beispiel von Stäben (für Platten analog)

Ausbringung (nach VDI 3415, Blatt 1) pro Schicht (8 h):	400-500 Teile
Anzahl Mitarbeitende:	0 (lediglich zur Überwachung, da automatisierter Prozess)
Anmerkung zur Ausbringung:	• sollten Umsortiervorgänge notwendig werden, so reduziert sich die Leistung des Systems • kürzere Teile können auf Grund einer geringeren Massenträgheit schneller bewegt werden und erhöhen somit die mögliche Leistung • die Ausbringung ist abhängig von der Größe des Portals, da dies Einfluss auf die zurückzulegenden Wege hat

4.3.3 Hochregal-Sortierspeicher

Bei einem Hochregal-Sortierspeicher werden die Bauteile über Rollenbahnen und Querförderer direkt vom Auslauf der Zuschnittanlage in den Arbeitsbereich eines Regalbediengeräts gefördert (Abb. 4.18). Dieses ist mit einer Hebeeinrichtung ausgestattet, nimmt die Bauteile auf und legt sie unsortiert in freien Kragarmregalen ab. Die Hebeeinrichtung kann zusätzlich mit individuell ansteuerbarer Fördertechnik ausgestattet werden. Sie befördert die aufliegenden Bauteile bei Bedarf tiefer in die Fächer und legt mehrere Teile hintereinander ab. Bauteile unterschiedlicher Länge werden auf diese Weise individuell ein- und ausgepuffert. Alle sonstigen Teile, auf die man durch eine chaotische Pufferung innerhalb eines Faches keinen direkten Zugriff hat, müssen umsortiert werden. Das Regalbediengerät entnimmt die Materialien in der benötigten Sequenz. Es stellt die Teile dann entweder auf Fördersystemen für den Folgeprozess bereit oder für ein Handhabungsgerät, welches die Teile auf Ladungsträgern ablegt. Für Plattenmaterialien bietet sich alternativ zu einem Hebemechanismus auch ein Vakuumsauger am Regalbediengerät an. Dieser ist zusätzlich in der Lage, kleine Stapel in den Regalfächern zu bilden.

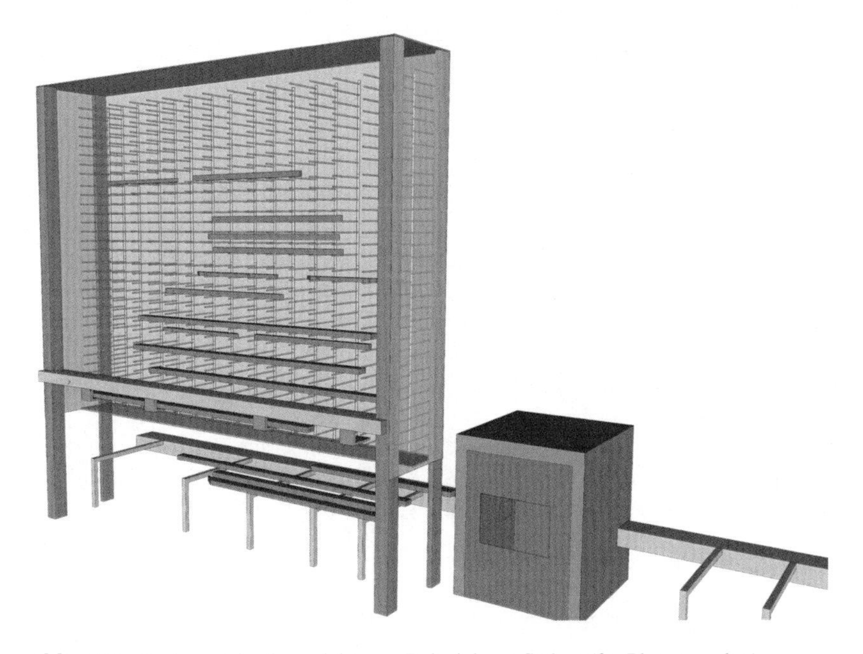

Abb. 4.18 Hochregal-Sortierspeicher am Beispiel von Stäben (für Platten analog)

Ausbringung (nach VDI 3415, Blatt 1) pro Schicht (8 h):	600-800 Teile
Anzahl Mitarbeitende:	0 (lediglich zur Überwachung, da automatisierter Prozess)
Anmerkung zur Ausbringung:	• sollten Umsortiervorgänge notwendig werden, so reduziert sich die Leistung des Systems • die Kapazität (Größe) des Sortierspeichers hat Auswirkungen auf die Leistung, da dies Einfluss auf die zurückzulegenden Verfahrwege des Regalbediengeräts hat

4.3.4 Robotersortierzelle

Roboter können die Bauteile für die Sortierung und Pufferung direkt vom Ausgabetisch der Zuschnittanlage entnehmen. Ist die anbindende Platzierung nicht möglich, werden die Teile alternativ über Fördersysteme wie Rollenbahnen und Querförderer im Arbeitsbereich des Roboters bereitgestellt (Abb. 4.19). Der Roboter kann stationär gelagert sein oder auf einer linearen Verfahrachse, wodurch die Reichweite und somit die Kapazität der Sortierzelle erhöht wird. Die Aufnahme kann für Materialien mit hoher Dichte beispielsweise mittels Vakuumsauger, für poröse Materialien mithilfe von Nadelgreifern und für Stäbe durch Backengreifer erfolgen. Die Bauteile werden nach dem Sortierprozess bzw. der Pufferung in der Zelle für Folgeprozesse in der richtigen Sequenz auf Fördertechnik oder auf Ladungsträgern abgelegt. Da Platten im Holzbau häufig Ausklinkungen, Schrägen oder andere Formen aufweisen, ist das Einpuffern der flächigen Teile horizontal günstiger. Stäbe lassen sich dahingegen auch platzsparend vertikal puffern. Werden mehrere Teile chaotisch in Fächern zusammengefasst, ist bei deren Entnahme ggf. ein Umsortieren erforderlich. Der Sortierprozess durch einen Roboter ist für Langteile ungeeignet, da das Handling der großen Dimensionen nur bedingt möglich ist.

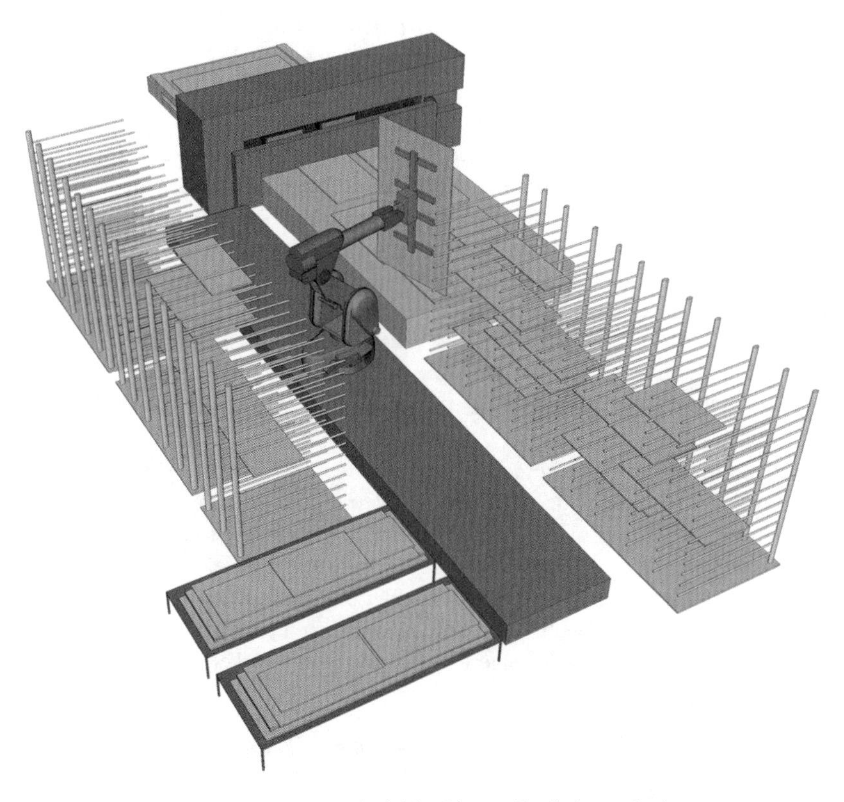

Abb. 4.19 Robotersortierzelle am Beispiel für Platten (für Stäbe analog)

Ausbringung (nach VDI 3415, Blatt 1) pro Schicht (8 h):	600-800 Teile
Anzahl Mitarbeitende:	0 (lediglich zur Überwachung, da automatisierter Prozess)
Anmerkung zur Ausbringung:	• sollten Umsortiervorgänge notwendig werden, so reduziert sich die Leistung des Systems • kürzere und kleinere Teile können auf Grund einer geringeren Massenträgheit schneller bewegt werden und erhöhen somit die mögliche Leistung

4.3.5 Vergleich und Einordnung der Sortier- und Puffersysteme

Digitale Systeme für die Unterstützung manueller Prozesse stellen in Verbindung mit optimierten Ladungsträgern eine sinnvolle Einstiegslösung für kleine und mittlere Unternehmen dar. Für weitgehend automatische Abläufe kommen die beschriebenen Anlagenkonzepte zum Tragen. Betrachtet man insbesondere die Kriterien Flexibilität, Kapazität und Investitionssumme, sind klare Vorteile in einer roboterbasierten Lösung zu erkennen. Denn sie ist auch für zukünftige Anforderungen anpassbar (Tab. 4.6).

4.4 Innerbetriebliche Logistik und Materialbreitstellung

Viele produzierende Unternehmen legen den Fokus der Verschwendungsbeseitigung auf die wertschöpfenden Prozesse und vernachlässigen die Betrachtung der innerbetrieblichen Logistik und Materialbereitstellung. Deren optimale Abläufe sind jedoch essenziell für reibungslose Produktionsprozesse. Die Anforderungen an die Logistik und Bereitstellung hängen unmittelbar von den eingesetzten Technologien in der Elementfertigung ab. Entscheidend ist, ob die Materialzuführung zwischen vor- und nachgelagerten Prozessen starr verkettet oder entkoppelt

Tab. 4.6 Vergleich unterschiedlicher Sortier- und Puffersysteme (Bewertung der Kriterien von exzellent (+++) bis mangelhaft (− −))

Kriterien	Digitale Unterstützung	Flächen portal	Hochregal-Sortier speicher	Roboter sortierzelle
Kapazität (Losgröße Zuschnitt)	−	+	+++	++
Flexibilität Anbindung an Zuschnitt	+++	++	+	++
Flexibilität Anbindung Folgeprozess	+++	++	+	+++
Investition	+++	+	−	−
Zukunftsfähigkeit	+	−	+	++
Platzbedarf	++	−	++	+
Anforderung an Daten	−	−	−	−
Prozesssicherheit	++	+	++	+

wird. Da Plattenmaterialien meist an mehreren Bereichen der Produktion benötigt werden, ist eine verkettete Zuführung vom Zuschnitt zur Elementfertigung nicht sinnvoll realisierbar. Eine Verkettung des Stabzuschnitts und der Riegelwerkerstellung kann sich dahingegen als effizient erweisen. Darüber hinaus umfasst die Bereitstellung der Bauteile neben den vorgelagert bearbeiteten Materialien auch weitere Rohmaterialien, Halbfabrikate und zugekaufte Komponenten wie Fenster. Prinzipiell sollten Lösungen angestrebt werden, bei denen auf die Nutzung von Hallenkran, Stapler oder Hubwagen weitestgehend verzichtet werden kann. Die Zeiten für das Holen der Systeme oder das Warten auf deren Verfügbarkeit stellt Verschwendung dar.

4.4.1 Spezialisierte Gestelle und Wägen

Optimal auf die unterschiedlichen Materialien und Bauteile abgestimmte Ladungsträger und Bereitstellungsmethoden verhelfen zu verschwendungsfreien Prozessen an der wertschöpfenden Elementfertigung. Entsprechend der Anforderung der Transportgüter sowie der späteren Nutzung und Entnahmeweise werden die Ladungsträger idealerweise individuell nach Lean Management Methoden entwickelt. Dabei ist stets die Effizienzsteigerung durch Verschwendungsvermeidung in Form unnötiger Handgriffe und Arbeitsschritte anzustreben (Ohno et al. 2013, S. 54). Für eine flexible Auslegung und Nutzung der Transportmittel ist es zielführend, eine große Varianz zu vermeiden. Auf Rollen gelagerte Ladungsträger werden manuell bewegt (Abb. 4.20). Alternativ sind die Träger so konzipiert, dass z. B. fahrerlose Transportfahrzeuge sie aufnehmen.

4.4.2 Einzelteiltransport auf Rollenbahnen, Gurtbändern oder Kettenförderern

Der Einzeltransport von Materialien über diverse Fördersysteme ist insbesondere bei der starren Verkettung von Prozessen zweckmäßig. Adäquat ist dies jedoch nur in Bereichen mit weitgehend automatisierten Prozessen ohne wiederholte manuelle Eingriffe. Denn durch die Anbindung von Förderbahnen wird die Zugänglichkeit an den Montagetischen stark eingeschränkt (Abb. 4.21). Eine Verbindung von Prozessen durch Transportbahnen kann dann sinnvoll sein, wenn bestimmte Teile nur an einem oder wenigen Orten benötigt werden. Die Bereitstellung sollte praktikabel sein, ohne Prozesse zu behindern.

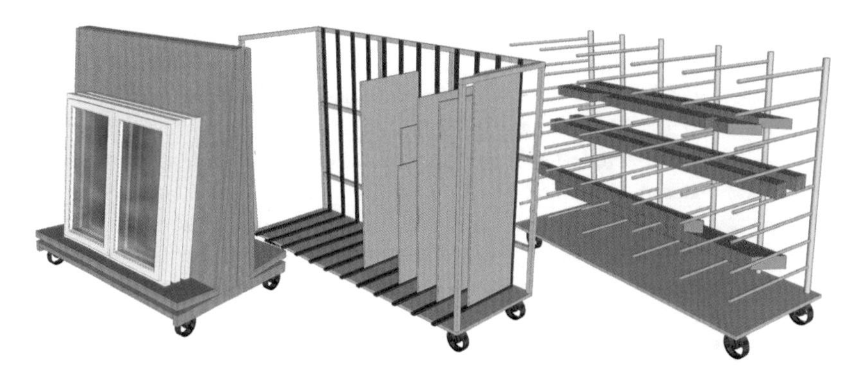

Abb. 4.20 Spezialisierte Wägen

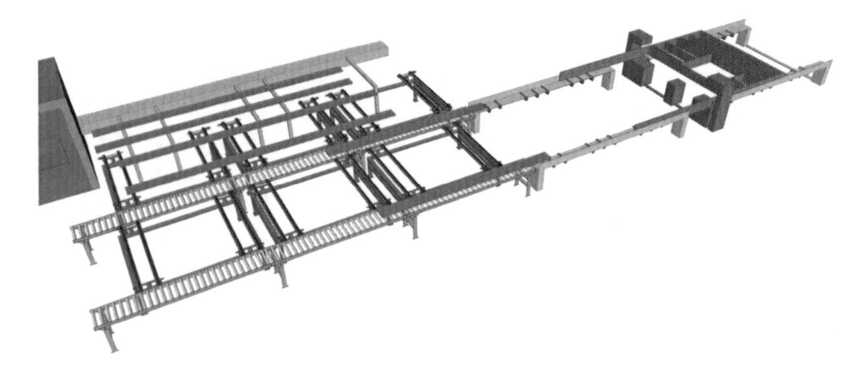

Abb. 4.21 Verkettung von Anlagen durch Einzelteiltransport am Beispiel Stabzuschnitt und Riegelwerksfertigung

4.4.3 Fahrerlose Transportsysteme

Fahrerlose Transportsysteme (FTS) ermöglichen durch Fahrerlose Transportfahrzeuge (FTF) eine automatisierte Materialbewegung (Abb. 4.22). Die Bereitstellung durch FTF wird entweder über ein übergeordnetes Leitsystem gesteuert oder von Mitarbeitenden der jeweiligen Produktionsbereiche initiiert. Das Potenzial der FTS kann in Produktionen insbesondere in Verbindung mit digital verwalteten Pufferplätzen ausgenutzt werden. FTS stellen sicher, dass Maschinen

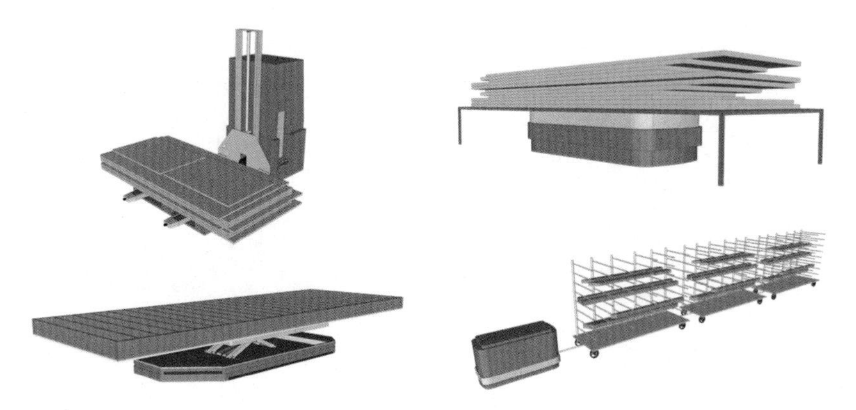

Abb. 4.22 unterschiedliche FTF-Formen und Transportmöglichkeiten durch FTF

und Arbeitsplätze stets mit Material versorgt werden und dieses nach Bearbeitung zuverlässig ab- und weitertransportiert wird. Für den Transport der unterschiedlichen Materialien und Bauteile gibt es zahlreiche mögliche Formen von FTF. Deren Einsatz reicht von geringeren Traglasten wie der Aufnahme von Verbrauchsmaterialien (z. B. Schrauben) über den Transport von Stapeln zugeschnittener Materialien bis hin zur Bewegung schwerer und sperriger Lasten wie ganzer Wände oder Verladebrücken. Für den effizienten Einsatz von FTF sollten sie demnach auf das zu transportierende Produkt abgestimmt sein. FTF werden entsprechend der gewünschten Anforderungen mit unterschiedlichen Lenkaufbauten und Antrieben angeboten. Sie sind in ihrer Fahrbewegung entweder linienbeweglich oder flächenbeweglich (VDI 2510 Blatt 1 2009). Auch gibt es verschiedenartige Navigationsverfahren wie etwa das Folgen elektrischer Leitfäden oder eine flexible Lasernavigation. In jedem Fall kann sichergestellt werden, dass Kollisionen mit der Umgebung oder Mitarbeitenden verhindert werden.

4.4.4 Vergleich und Einordnung der Systeme für die innerbetriebliche Logistik

Für den Bereich Transport und Logistik eignet sich in vielen Fällen die Kombination unterschiedlicher Systeme. Automatisierte Lösungen können einige Prozesse in ihrer Flexibilität stark einschränken und haben meist einen großen Platzbedarf. Daher lassen sie sich nicht in allen Bereichen sinnvoll einsetzen. Abhängig

Tab. 4.7 Vergleich unterschiedlicher Logistiksysteme (Bewertung der Kriterien von exzellent (+++) bis mangelhaft (−−))

Kriterien	Spezialisierte Gestelle und Wägen	Rollenbahnen, Gurtbänder, Kettenförderer	Fahrerlose Transportsysteme (FTS)
Flexibilität	+++	−	++
Investition	++	+	−
Zukunftsfähigkeit	+	−	++
Automatisierungsgrad	−−	+++	+++
Platzbedarf	++	−	+
Anforderung an Daten	+++	+	−
Prozesssicherheit	++	++	+

ist die Wahl außerdem von den in den wertschöpfenden Prozessen eingesetzten Technologien. Werden dort beispielsweise Roboter in der Montage der Elemente eingesetzt, ist die Nutzung verketteter Fördersysteme oder FTS in Betracht zu ziehen. Eine menschenlose Bereitstellung für Roboter erleichtert die Sicherheitstechnik und spart somit Kosten ein (Tab. 4.7).

4.5 Riegelwerkfertigung (Wandelemente)

Bei diesem Fertigungsschritt werden einzelne stabförmige Bauteile zu einem Rahmenwerk zusammengefügt. Somit spricht man auch vom ersten Schritt der Vormontage der zweidimensionalen Elemente.

4.5.1 Manueller Spanntisch für Wandelemente

Eine simple Einstiegslösung für die Riegelwerkfertigung von Wandelementen ist der manuelle Spanntisch. Er verfügt über quer und längs gelegene Spanneinrichtungen, die den Aufbau eines rechtwinkligen Elements garantieren (Abb. 4.23).

Abb. 4.23 Manueller Spanntisch für Riegelwerk, Wandelemente

Ausbringung (nach VDI 3415, Blatt 1) bzw. Taktleistung:	30-40 Minuten je Riegelwerk (ca. 10m Länge)
Anzahl Mitarbeitende:	2
Anmerkung zur Ausbringung:	• die Ausbringung ist stark abhängig von der Anzahl der Mitarbeitenden im Prozess und der Komplexität des Riegelwerks • bei einem manuellen Spanntisch ist es sinnvoll, zwei Mitarbeitende einzusetzen

4.5.2 Riegelwerkstation mit manuellem Einlegen

Die Riegelwerkstation mit manuellem Einlegen ist eine gängige und weitverbreitete teilautomatisierte Lösung in der industriellen standardisierten Vorfertigung (Abb. 4.24). Während die Stäbe manuell einzeln aufgelegt werden, fördert die Anlage das Element taktweise (von Ständer zu Ständer) maschinell vor, sodass das Material stets stationär eingelegt wird. Die Ständer werden in der Maschine durch Pressstempel so fixiert, dass auch verdrehtes Holz in Position gebracht wird. Anschließend werden sie durch Schwelle und Rähm stirnseitig mit Nägeln befestigt. Darüber hinaus ist die Integration weiterer Werkzeuge optional möglich wie beispielsweise ein Wellennagelgerät, mit dem z. B. dicke Bauteile alternativ

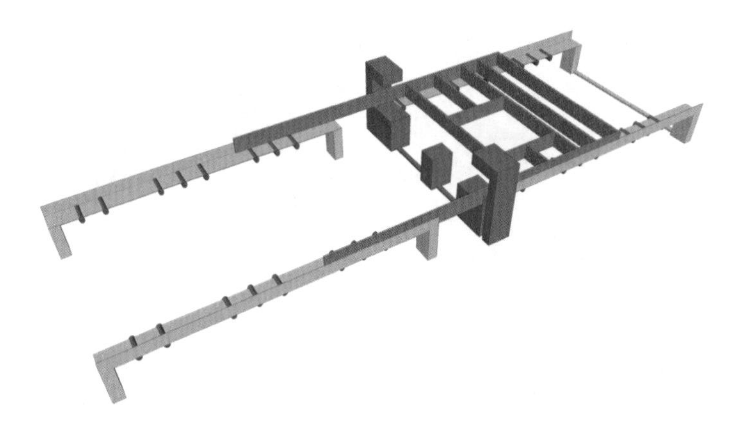

Abb. 4.24 Riegelwerkstation mit manuellem Einlegen

von oben und unten befestigt werden können. Neben der Einbringung einzelner Hölzer ist es weiterhin möglich vorbereitete Fenstermodule einzuschleusen, um so Taktzeiten in der Riegelwerkstation zu reduzieren. Aufgrund des automatisierten Vorschubs wird der Ausförderbereich sicherheitstechnisch umzäunt.

Ausbringung (nach VDI 3415, Blatt 1) bzw. Taktleistung:	20-30 Minuten je Riegelwerk (ca. 10m Länge)
Anzahl Mitarbeitende:	1
Anmerkung zur Ausbringung:	• die Ausbringung ist stark abhängig von der Komplexität des Riegelwerks und den vorbereitenden Tätigkeiten außerhalb der Riegelwerkstation • werden z.B. Fenstermodule außerhalb der Riegelwerkstation von einer weiteren Arbeitskraft vorbereitet so reduziert sich die Bearbeitungszeit in der Station

4.5.3 Riegelwerkstation mit Einlegen durch Roboter

Der Automatisierungsgrad der Technologie aus Abschn. 4.5.2 lässt sich mit dem Einsatz eines Roboters erhöhen, sodass die Prozesse weitgehend automatisiert ablaufen. Auch hier wird das Riegelwerk automatisch vorgeschoben, während die Ständer durch einen Knickarmroboter mit Greifwerkzeug eingelegt werden. Die Maschine übernimmt die genaue Positionierung der Teile und das anschließende Befestigen analog zur Anlage aus Abschn. 4.5.2. Manuelle Eingriffe sind bei dieser Auslegung dennoch notwendig, sobald komplexere Aufbauten wie beispielsweise Fensterauswechslungen erstellt werden müssen. Der Schutz der Mitarbeitenden wird dabei z. B. durch einen verschiebbaren Zaun gewährleistet (Abb. 4.25).

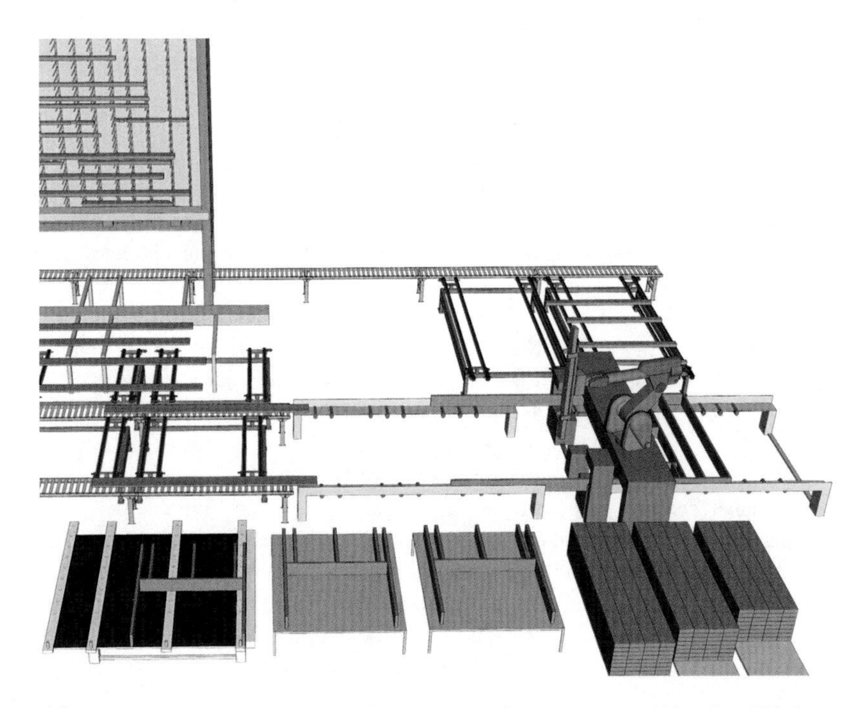

Abb. 4.25 Riegelwerkstation mit verkettetem Bauteiltransport vom Abbund und Einlegen durch Roboter

Ausbringung (nach VDI 3415 Blatt 1) bzw. Taktleistung:	15-25 Minuten je Riegelwerk (ca. 10m Länge)
Anzahl Mitarbeitende:	0,5
Anmerkung zur Ausbringung:	• die Ausbringung ist stark abhängig von der Komplexität des Riegelwerks und den vorbereitenden Tätigkeiten außerhalb der Riegelwerkstation • zur Überwachung der Anlage und bei komplexen Verbindungen ist eine Arbeitskraft erforderlich. Diese kann jedoch, während die Anlage automatisiert arbeitet, z.B. Fenstermodule vorbereiten.

4.5.4 Portal-Knickarmroboter-Kombination

Dieser stationäre Lösungsansatz, bei dem alle Arbeitsschritte ohne Elementweitertransport durchgeführt werden, ist vom manuellen Montagetisch abgeleitet. Die Portallösung stellt in diesem Fall eine vollautomatische alternative Ergänzung zum Knickarmroboter dar (Abb. 4.26). Die Schienen, auf denen Portalroboter verfahren, können entweder im Boden eingelassen sein oder auf stationären Stützen in der Höhe liegen (Abb. 4.26). Letzteres Konzept hat den Vorteil, dass sich dort weniger Schmutz ansammeln kann. Portalroboter ermöglichen eine größere Reichweite und höhere Lastaufnahme im Vergleich zu Knickarmrobotern. Sie können daher flexibler eingesetzt werden sowie auch größere Bauteile bewegen. In Abhängigkeit der eingesetzten Technologie und des Herstellers können Portale mit Knickarmrobotern kombiniert werden.

Ein solches Konzept könnte stufenweise automatisiert werden. Im ersten Schritt wäre es denkbar, die Bauteile durch ein Portal lediglich grob zu positionieren. In der höchsten Ausbaustufe könnten die Bauteile beispielsweise durch einen Portalroboter genau aufgelegt, durch ein CNC-gesteuertes Spannsystem im Montagetisch fixiert und von Knickarmrobotern mit entsprechenden Werkzeugen befestigt werden.

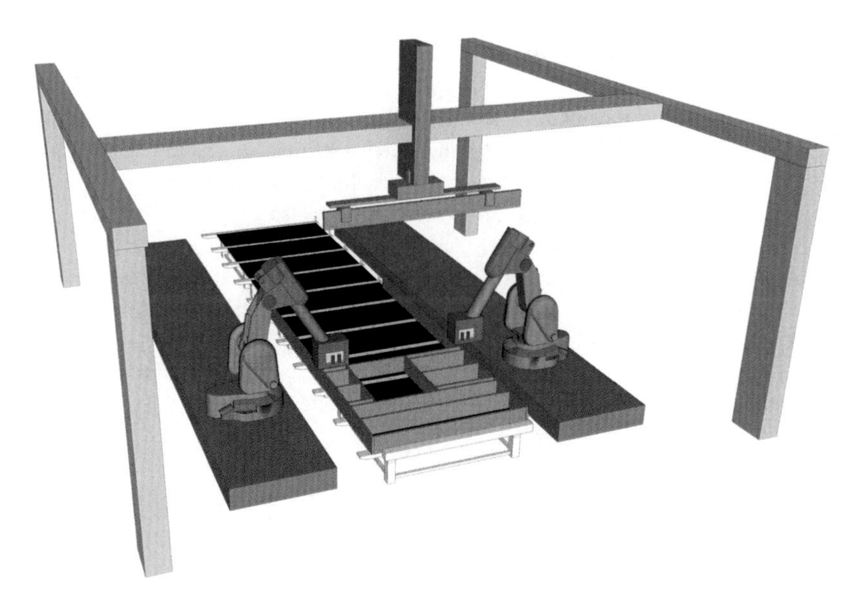

Abb. 4.26 Riegelwerkerstellung durch Portal- und Knickarmroboter

Ausbringung (nach VDI 3415, Blatt 1) bzw. Taktleistung:	20-30 Minuten je Riegelwerk (ca. 10m Länge)
Anzahl Mitarbeitende:	0 (lediglich zur Überwachung, da automatisierter Prozess)
Anmerkung zur Ausbringung:	• die Ausbringung ist stark abhängig von der Komplexität des Riegelwerks bzw. der Anzahl der Einzelteile • dieses Konzept ist darauf ausgelegt, dass der Prozess für alle Riegelwerkarten vollautomatisiert abläuft und Mitarbeitende ausschließlich bei Störungen manuell eingreifen müssen

4.5.5 Vergleich und Einordnung der Systeme für die Riegelwerkfertigung

Die Auswahl des Anlagenkonzepts für die Erstellung eines Riegelwerks hängt stark von der benötigten Leistung und dem geforderten Automatisierungsgrad ab. In einem zukunftsgerichteten Unternehmen ist ein manueller Spanntisch lediglich im Bereich der Sonderfertigung zu sehen und nicht für die Hochleistungsfertigung weitgehend standardisierter Elemente. Die beschriebenen Durchlauf-Riegelwerkstationen sind eine sehr effiziente Art zur Riegelwerkerstellung. Die Portal-Knickarmroboter-Kombination bietet jedoch unter den Lösungen die höchste Flexibilität hinsichtlich Fertigungsmöglichkeiten. Denn neben einfachen Riegelwerken ist auch die Herstellung komplexerer Elemente sowie die Integration weiterer Bearbeitungen wie dem Beplanken möglich (Tab. 4.8).

4.6 Rahmen für Dach- und Deckenelemente

Aufgrund der anderen Spannrichtung und größeren Dimensionen und Längen der Einzelbauteile, wird die Rahmenfertigung für Dach und Decke separat betrachtet. Wesentlich ist hier das Halten und Spannen der statisch tragenden Bauteile wie Sparren und Deckenbalken parallel zur x-Achse eines Elementtisches. Das winklige Halten wird in der Regel durch einen Anschlag in y-Richtung gewährleistet. Die Fertigung der Dach- und Deckenelemente findet stationär ohne

Tab. 4.8 Vergleich unterschiedlicher Riegelwerkfertigungen (Bewertung der Kriterien von exzellent (+++) bis mangelhaft (− −))

Kriterien	Manueller Spanntisch	Riegelwerkstation manuell	Riegelwerkstation Roboter	Portal-Roboter-Kombi
Leistungsfähigkeit (Bearbeitungszeit)	−	++	+++	++
Flexibilität	+++	+	+	++
Investition	+++	++	−	−
Zukunftsfähigkeit	−	+	++	+++
Automatisierungsgrad	− −	−	+	++
Platzbedarf	+++	+	−	+
Anforderung an Daten	+++	+	−	−
Prozesssicherheit	++	+	−	−

einen Weitertransport statt, da das Bauteilspannen und -halten im Durchlauf nur sehr aufwendig gewährleistet werden kann. Die Verbindung und Fixierung der Bauteile erfolgt oft erst mit der Beplankung durch Platten oder Latten.

4.6.1 Manueller Spanntisch für Dach-/Deckenelemente

Analog zum System für die Wandfertigung (Abschn. 4.5.1) gibt es den manuellen Spanntisch ebenfalls für die Rahmenfertigung der Dach- und Deckenelemente (Abb. 4.27). Die quer und längs integrierten Spannelemente und Anschläge werden manuell positioniert und fixieren die Hölzer.

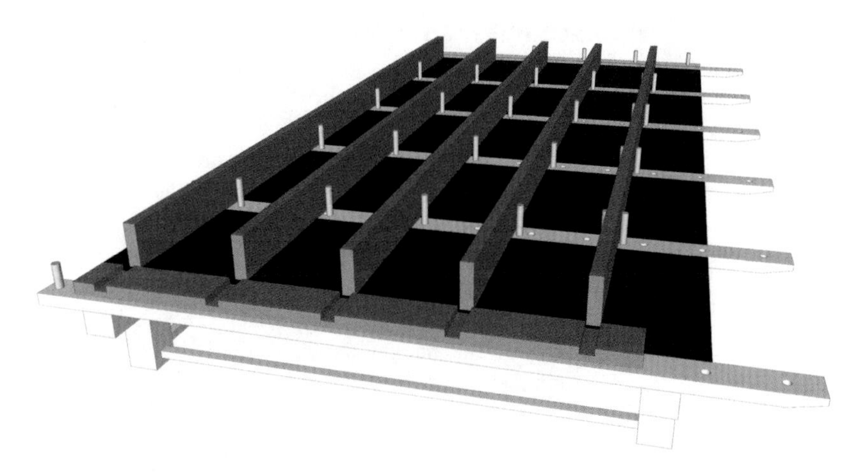

Abb. 4.27 Manueller Spanntisch Dach/Decke

Ausbringung (nach VDI 3415, Blatt 1) bzw. Taktleistung:	20-40 Minuten je Rahmenwerk (ca. 2,5m Breite)
Anzahl Mitarbeitende:	2
Anmerkung zur Ausbringung:	• die Ausbringung ist stark abhängig von der Anzahl der Mitarbeitenden im Prozess, der Komplexität des Elements (Auswechselungen, Stellbohlen, etc.) und dem Aufwand des Umrüstens der Spannelemente • bei einem manuellen Spanntisch sind 2 Mitarbeitende sinnvoll einzusetzen

4.6.2 CNC-Spanntisch mit manuellem Einlegen

CNC-Spanntische (Abb. 4.28) sind ähnlich aufgebaut wie manuelle Tische (Abschn. 4.6.1), jedoch werden die Anschläge und Spannelemente durch die numerisch gesteuerte Maschine eingestellt. Dies geschieht automatisch anhand von Steuerbefehlen aus CAD/CAM-Daten, die in Bewegungsabläufe übersetzt werden, wodurch manuelles Rüsten und Einmessen entfallen. Die langen Sparren und Deckenbalken werden manuell mittels Hallenkran oder separater Hebeeinrichtung auf dem Montagetisch positioniert und dort von den pneumatisch bewegbaren Spannelementen gehalten. Der Anschlag entlang der y-Achse sorgt für die Winkligkeit der Elemente. Die Integration der Spanntische in eine Fertigungslinie ist durch die Anbindung mittels Quer- oder Längstransport optional möglich.

Ausbringung (nach VDI 3415, Blatt 1) bzw. Taktleistung:	15-30 Minuten je Rahmenwerk (ca. 2,5m Breite)
Anzahl Mitarbeitende:	2
Anmerkung zur Ausbringung:	• die Ausbringung ist stark abhängig von der Anzahl der Mitarbeitenden im Prozess und der Komplexität des Elements (Auswechselungen, Stellbohlen, etc.). • für das Einlegen und Ausrichten der großen Bauteile sind zwei Arbeitskräfte nötig • bei dieser Variante werden Rüstzeiten stark reduziert, sodass sich die Mitarbeitenden auf die wertschöpfenden Prozesse konzentrieren können

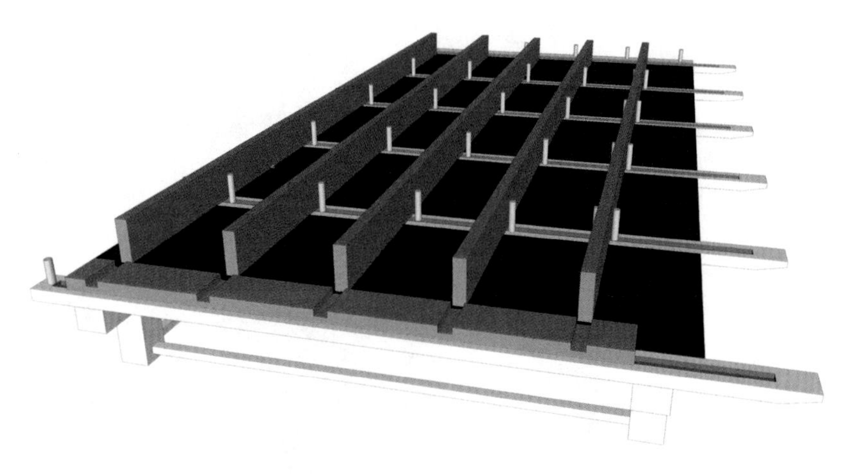

Abb. 4.28 CNC-Spanntisch Dach/Decke

4.6.3 CNC-Spanntisch mit automatisiertem Einlegen

Die in Abschn. 4.6.2 beschriebene Fertigungsart mithilfe eines CNC-Spanntisches lässt sich um das Automatisieren des Einlegens und bei Bedarf Befestigens der Hölzer erweitern. Je nach Ausstattung können die Prozesse hier teilautomatisiert oder in Form einer Zelle (vgl. Abschn. 4.5.4) vollautomatisiert werden (Abb. 4.29).

Ausbringung (nach VDI 3415, Blatt 1) bzw. Taktleistung:	15-30 Minuten je Rahmenwerk (ca. 2,5m Breite)
Anzahl Mitarbeitende:	0-1
Anmerkung zur Ausbringung:	• Ziel dieser Lösung ist es nicht, die Taktzeiten zu erhöhen, sondern den Einsatz der Mitarbeitenden zu reduzieren.

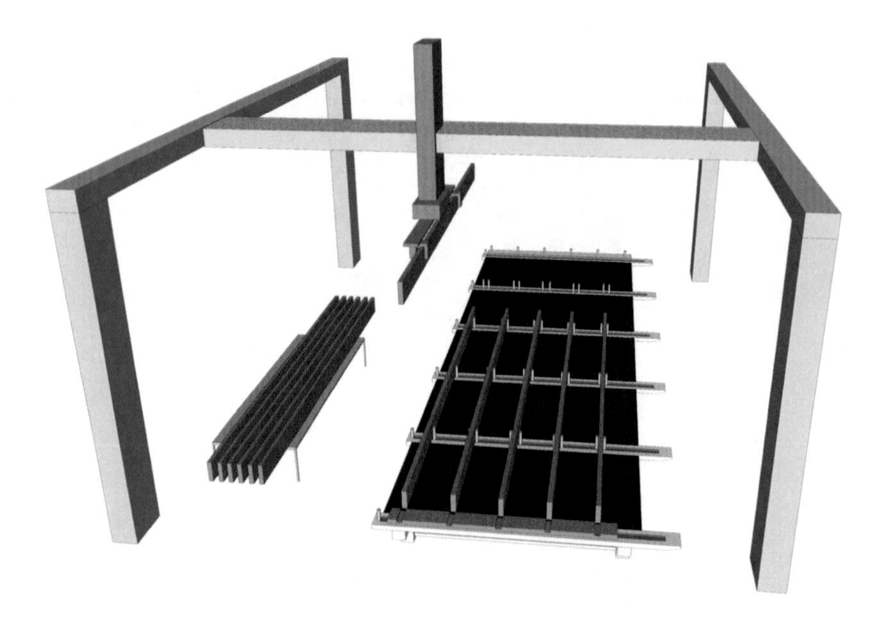

Abb. 4.29 CNC-Spanntisch Dach/Decke mit Portal

4.6.4 Vergleich und Einordnung der Systeme für Rahmenfertigung Dach Decke

Während manuelle Spanntische eine gute Einstiegslösung mit geringer Investition darstellen, verbraucht jedoch besonders das Rüsten der Spannelemente bei hoher Varianz sehr viel Zeit. Abhilfe schafft dazu ein CNC-Spanntisch, der mit seiner überschaubaren Komplexität eine praktikable Lösung für kleinere und mittlere Unternehmen darstellt. Ein automatisiertes Einlegen wird in Betracht gezogen, wenn der Personaleinsatz für die skalierbare Leistungssteigerung reduziert werden soll (Tab. 4.9).

4.7 Auflegen der Beplankung

Wesentlicher Teil der Vorfertigung im Holzbau ist die Beplankung der tragenden Riegel- bzw. Rahmenwerke, Brettsperrholz- oder Massivholzelemente

Tab. 4.9 Vergleich unterschiedlicher Rahmenfertigungssysteme Dach/Decke (Bewertung der Kriterien von exzellent (+++) bis mangelhaft (− −))

Kriterien	Manueller Spanntisch	CNC-Spanntisch	CNC-Spanntisch mit autom. Einlegen
Leistungsfähigkeit (Bearbeitungszeit)	−	++	++
Flexibilität	++	+	+
Investition	+++	+	−
Zukunftsfähigkeit	−	+	++
Automatisierungsgrad	− −	+	++
Platzbedarf	++	++	+
Anforderung an Daten	+++	+	−
Prozesssicherheit	++	+	−

mit Plattenmaterialien. Da die einzelnen Beplankungsschichten unterschiedliche Funktionen erfüllen, werden unterschiedliche mineralische und holzbasierte Werkstoffe verwendet, die für die jeweiligen Anforderungen ausgelegt sind (Tab. 4.10). Auch die Art der Beplankungsausführung, Befestigungsmittel sowie Abdichtungen der Ebenen müssen die jeweiligen Bedingungen erfüllen. Berücksichtigt man darüber hinaus die Erfordernisse einer Kreislaufwirtschaft, in der die Bauteile am Ende ihrer Lebenszeit wiederverwendet oder -verwertet werden, müssen insbesondere die Befestigungsmittel passend gewählt werden.

Die Platten sind beim Beplankungsprozess je nach Produktionskonzept vorab individuell für das jeweilige Element zugeschnitten und bearbeitet oder werden

Tab. 4.10 Unterschiedliche Funktionen der Beplankungsschichten und mögliche Werkstoffe

Funktionen der Beplankungsschichten	Beispielwerkstoffe (plattenförmig)
Raumseitiger Abschluss	Gipskarton oder Gipsfaserplatte
Installationsebene	Holzweichfaser mit Fräsgängen und Ausschnitten für Installationen
Aussteifung	Gipsfaserplatte oder OSB3
Dampfbremse	OSB3 oder Holzfaserplatten
Zweite wasserführende Ebenen	Holzweichfaserplatte
Fassade	Holzschalung oder Zementfaserplatte

im Ganzen aufgebracht. Für letzteres kommen häufig großformatige Platten zum Einsatz, die über die gesamte Elementhöhe und über mehrere Gefache hinweg (Plattenbreite $\geq$ 125 cm) reichen. Der Vorteil dabei ist, dass dadurch weniger Einzelteile bewegt und befestigt werden, was Prozessschritte und -zeit spart. Da diese Plattenformate jedoch durch Automation schwierig zu handhaben sind, werden sie eher im handwerklichen Umfeld genutzt.

4.7.1 Manuell mithilfe von Vakuumsaugern oder Nadelgreifern

Mit Vakuumsaugern können Platten so angesaugt werden, dass sie problemlos manuell bewegt werden können. Für luftdurchlässige Materialien wie einige Holzweichfaserplatten gibt es alternative Systeme wie Nadelgreifer, die in den Werkstoff eingreifen. Das Handling-Gerät wird entweder an einem Schwenkarmkran oder an einer Hängekrananlage flexibel angehängt. Während der Schwenkarm eine einfache und kostengünstigere Lösung ist, ist der Hängekran für Mitarbeitende besser bedienbar. Durch die linearen Bewegungen sind die Platten einfacher zu positionieren (Abb. 4.30). Ziel dieser Systeme ist es, die Ergonomie zu verbessern und das manuelle Auflegen zu erleichtern. Das Risiko, dass Platten beim Handling beschädigt werden, wird minimiert.

Ausbringung (nach VDI 3415, Blatt 1) bzw. Taktleistung:	10-15 Minuten je Plattenlage (ca. 10m Elementlänge)
Anzahl Mitarbeitende:	1
Anmerkung zur Ausbringung:	• Die Ausbringung hängt stark davon ab, wie viele Einzelplatten aufgelegt werden müssen und inwieweit die Arbeitskraft vorab zugeschnittene Platten sortieren muss.

4.7.2 Ferngesteuerte Manipulatoren

Über ferngesteuerte starre Manipulatoren können Mitarbeitende Platten ohne manuellen Eingriff bewegen und positionieren (Abb. 4.31). Die Aufnahme der Werkstoffe erfolgt über angehängte Vakuumsauger oder Nagelgreifer, welche

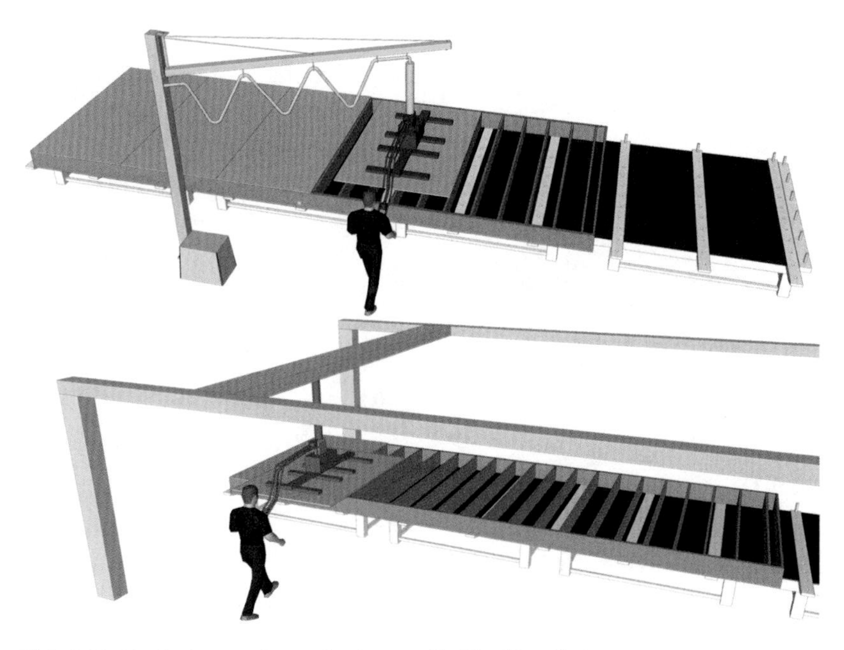

Abb. 4.30 Beplankung auflegen durch manuelle Handling-Geräte

durch motorische Antriebe wie Scheren- oder Teleskophubwerke bewegt werden. Ein starres Hubwerk erleichtert das Platten-Handling, da die Platte, auch wenn sie nicht exakt im Schwerpunkt aufgenommen wird, dennoch nicht in große Schräglage gerät und horizontal verfahren werden kann.

Ausbringung (nach VDI 3415, Blatt 1) bzw. Taktleistung:	10-15 Minuten je Plattenlage (ca. 10m Elementlänge)
Anzahl Mitarbeitende:	1
Anmerkung zur Ausbringung:	• Diese Methode ist beim Auflegen der einzelnen Platten zwar langsamer, jedoch können großformatige Platten mit einem hohen Grad an Arbeitssicherheit bewegt werden, da die bedienende Arbeitskraft genügend Abstand halten kann.

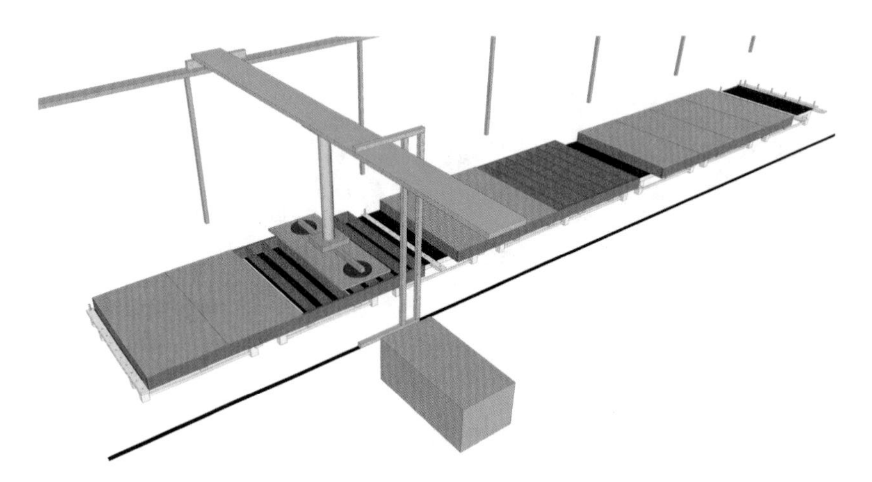

Abb. 4.31 Beplankung auflegen durch ferngesteuerte Manipulatoren

4.7.3 Knickarmroboter mit Handling-Aggregat

Durch den Einsatz eines Knickarmroboters lässt sich der Auflegeprozess vollautomatisieren (Abb. 4.32). Die Platten werden mithilfe der oben genannten Handling-Werkzeuge durch den Roboter aufgenommen und bewegt. Voraussetzung für die korrekte Aufnahme und anschließende Positionierung der Bauteile ist die Erkennung der Nullpunkte und Orientierung. Diese Referenzierung kann durch die Ablage auf einem Schrägtisch geschehen, wobei die Platte in einen Eckanschlag rutscht. Jedoch bedingt dies ein zweimaliges Auf- und Ablegen der Platte. Alternativ können Kamerasysteme genutzt werden, die das Bauteil scannen und optisch erkennen. Wurden Nullpunkt und Orientierung identifiziert, kann das Teil präzise aufgenommen und an die vorgegebene Position auf dem Element manövriert werden. Der Prozessschritt des Referenzierens ist essenziell für die Ausrichtung der Bauteile. Denn eine Herausforderung bei der Nutzung von Robotern ist das Einhalten von Toleranzen. Ohne genaue Bauteilerkennung können beispielsweise zu große Fugen entstehen oder Platten überlappend aufgebracht werden.

Die Bauteile können sequenziell von einer Seite des Elements zur anderen oder in beliebiger Reihenfolge aufgelegt werden. Beim Arbeiten in Sequenz kann die vorherige Platte angefahren und als Anschlag genutzt werden, was sinnvoll für die genauere Positionierung ist. Die erste Platte wird für diese Vorgehensweise

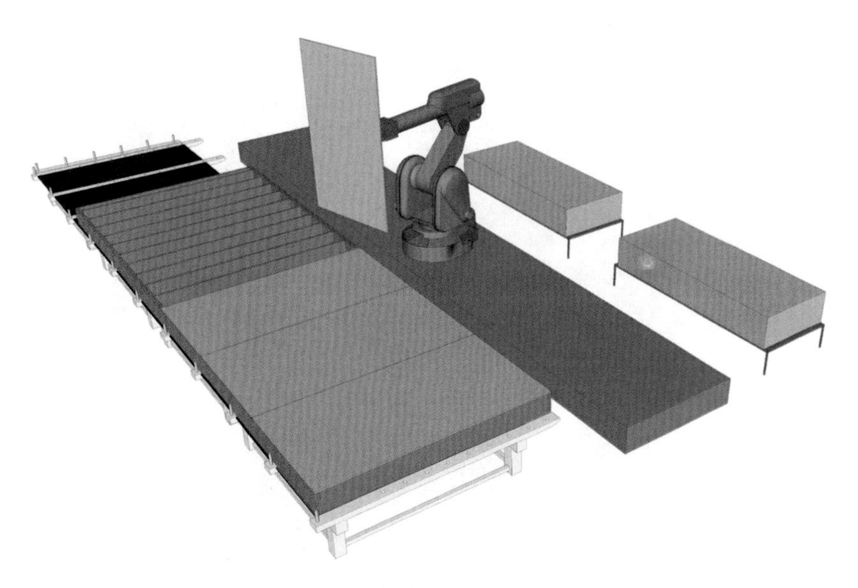

Abb. 4.32 Beplankung auflegen durch Knickarmroboter

nach dem Auflegen geheftet, um ein Verrutschen zu vermeiden. Die folgenden Teile werden vorerst nur aufgelegt und im Anschluss befestigt.

Ausbringung (nach VDI 3415, Blatt 1) bzw. Taktleistung:	10-15 Minuten je Plattenlage (ca. 10m Elementlänge)
Anzahl Mitarbeitende:	0 (lediglich zur Überwachung, da automatisierter Prozess)
Anmerkung zur Ausbringung:	• die Ausbringung hängt stark davon ab, wie viele Einzelplatten aufgelegt werden müssen • auch Nebenzeiten haben starken Einfluss auf die Leistung; sie werden beispielsweise durch das Referenzieren, das langsame Ablösen der Platten von einem Stapel, um zu verhindern, dass weitere Platten mitabgenommen bzw. verrutscht werden, oder der Verfahrweg der Roboter auf den linearen Achsen bedingt

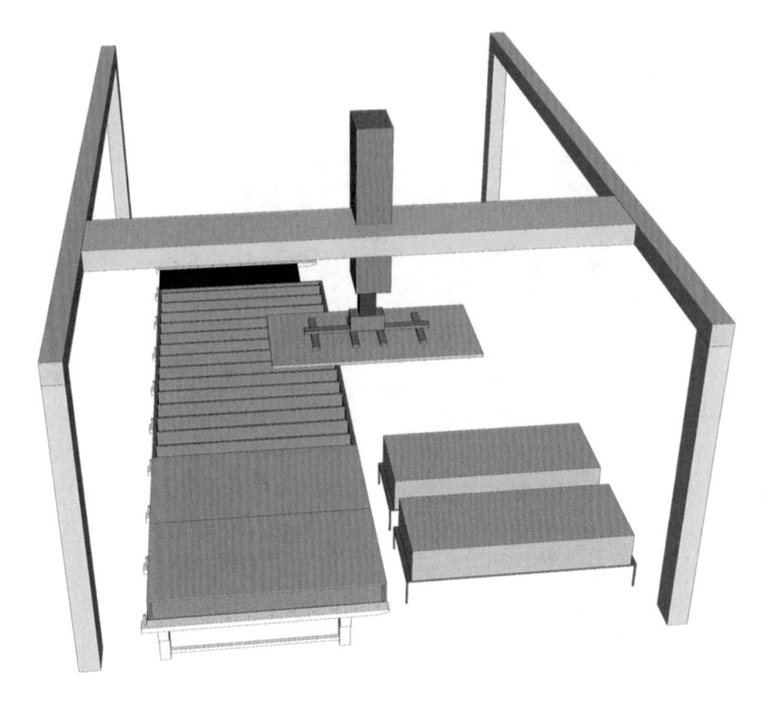

Abb. 4.33 Portalroboter mit hochgelagerten Schienen

4.7.4 Linear- oder Portalroboter mit Handling-Aggregaten

Eine vollautomatische Alternative zum Knickarmroboter ist eine Portallösung mit größerer Reichweite und höhere Lastaufnahme (Abb. 4.33) im Vergleich zu Knickarmrobotern (vgl. Abschn. 4.5.4).

Ausbringung: ähnlich Abschn. 4.7.3.

4.7.5 Vergleich und Einordnung der Systeme für das Auflegen der Beplankung

Das Auflegen der Platten wird bislang noch häufig manuell durchgeführt, lässt sich jedoch verhältnismäßig prozesssicher automatisieren. Die größte Herausforderung stellt die Referenzierung der Platten dar, welche eine Voraussetzung

Tab. 4.11 Vergleich unterschiedlicher Systeme für das Auflegen der Beplankung (Bewertung der Kriterien von exzellent (+++) bis mangelhaft (−−))

Kriterien	Manuell mittels Vakuumsauger oder Nadelgreifer	Ferngesteuerte Manipulatoren	Knickarmroboter	Linear- oder Portalroboter
Leistungsfähigkeit (Bearbeitungszeit)	++	++	++	++
Flexibilität	++	+	+	++
Investition	+++	++	−	−
Zukunftsfähigkeit	−	+	++	++
Automatisierungsgrad	−−	+	+++	+++
Platzbedarf	++	++	+	+
Anforderung an Daten	+++	+	−	−
Prozesssicherheit	++	+	+	+

für die Einhaltung der Toleranzen bei der Positionierung ist. Ein ferngesteuerter Manipulator ist eine sinnvolle Teilautomation für das unterstützte Handling großformatiger Platten. Für die Fertigung durchschnittlicher Elementdimensionen ist der Knickarmroboter eine vollautomatisierte Lösung mit ausreichender Flexibilität. Da die Reichweite eines Knickarmroboters jedoch begrenzt ist, ist ein Portalsystem besonders dann zweckmäßig, wenn größere Elementdimensionen (Elementbreite $\geq$3,5 m) produziert werden (Tab. 4.11).

4.8 Beplankung befestigen und bearbeiten

Wurden die plattenförmigen Werkstoffe auf dem Element platziert, folgt die Befestigung und Bearbeitung der Teile. Je nach Anforderung durch das Material und die Funktion der jeweiligen Beplankungsschicht werden unterschiedliche Befestigungsmittel eingesetzt. Übliche Arten der Befestigung sind z. B. Klammern, Nageln, Schrauben oder Kleben. Die wichtigsten und am häufigsten verwendeten Befestigungsmittel sind Klammern. Sie können in entsprechenden Dimensionen für unterschiedliche Beplankungsmaterialien in kürzester Zeit manuell sowie automatisiert eingebracht werden. Die Distanz zwischen den einzelnen Klammern, der Klammerabstand, ist je nach Funktion der Beplankungsschicht unterschiedlich auszuführen.

Nach der Befestigung erfolgen, falls dies nicht vorgelagert wurde, der Zuschnitt und die Bearbeitung der Platten für die finalen Formatierungen, Ausschnitte, Bohrungen und Fräsungen.

4.8.1 Halbautomatisiertes Klammergerät

Eine simple Einstiegslösung in die Automatisierung des Klammerns ist ein halbautomatisiertes Druckluftgerät (Abb. 4.34). Es verfügt z. B. über Positionierungshilfen und Führungsvorrichtungen wie Schienen, wodurch eine optimale Klammerausrichtung erreicht und der vorgegebene Randabstand eingehalten wird. Die Geräte können sowohl manuell als auch über einen selbstfahrenden Wagen oder Schienensysteme bewegt werden. Über den einstellbaren Klammerabstand werden die Klammern im definierten Bereich eingebracht. Während teilautomatisierte Lösungen zum Klammern sinnvoll sein können, sollte der manuelle Zuschnitt am Element vermieden werden, da das Reste-Handling und die Absaugung für industrielle Fertigungen zu aufwendig sind. Halbautomatisierte Klammergeräte werden häufig für die Vormontage von Sonderelementen und komplexen Bauteilen genutzt.

Ausbringung (nach VDI 3415, Blatt 1) bzw. Taktleistung:	15-20 Minuten je Plattenlage (ca. 10m Elementlänge)
Anzahl Mitarbeitende:	1
Anmerkung zur Ausbringung:	• Da Wand-, Dach- und Deckenelemente unterschiedlich aufgebaut sind, variiert die Anzahl der Befestigungspunkte und somit der Klammern pro Quadratmeter je nach Elementart. Dies hat Auswirkungen auf die Ausbringung der Klammergeräte.

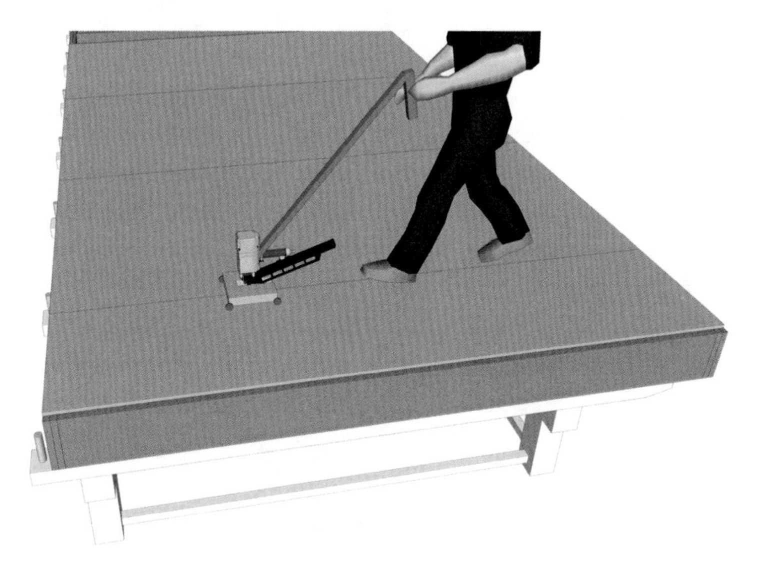

Abb. 4.34 Befestigung mithilfe halbautomatisiertem Klammergerät

4.8.2 CNC-Bearbeitungsportal mit Werkzeugen

Eine weitverbreitete Lösung ist das CNC-gesteuerte Bearbeitungsportal, das über Schienen im Boden geführt und mit unterschiedlichen Werkzeugen ausgestattet wird (Abb. 4.35). Über die Bodenschienen ist ein Fahrweg über mehrere Arbeitsplätze hinweg möglich. Werkzeugwechselsystemen integrieren mehrerer Aggregate in ein Portal. Neben Befestigungsgeräten können außerdem Werkzeuge zur spanenden Bearbeitung genutzt werden wie z. B. Frässpindeln, Sägeaggregate und Bohrköpfe. Je nach Ausführung der Anlage, kann darauf auch die Bearbeitung von Massivholzelementen übernommen werden. Bei diesen Bearbeitungen kommt jedoch die Herausforderung der Absaugung von Staub und Spänen hinzu. Sie muss mit dem Portal verfahren und Holz- und mineralische Werkstoffe trennen können. Um die Laufwege der Mitarbeitenden bei manuellen Tätigkeiten zu minimieren, sollte die Breite des Portals (Fahrweg, der neben den Bearbeitungstischen frei sein muss) möglichst gering gehalten werden.

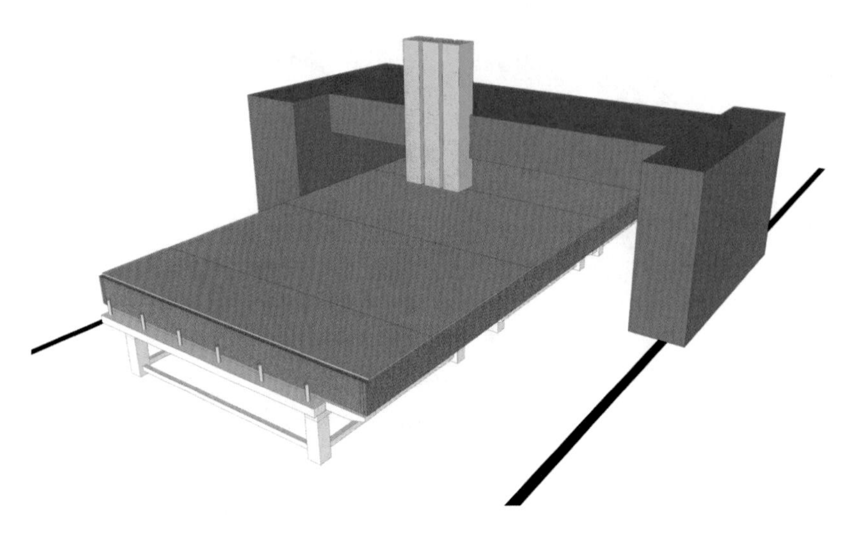

Abb. 4.35 Befestigung der Beplankung durch ein CNC-Portal

Ausbringung (nach VDI 3415, Blatt 1) bzw. Taktleistung:	8-15 Minuten je Plattenlage (ca. 10m Elementlänge)
Anzahl Mitarbeitende:	0 (lediglich zur Überwachung, da automatisierter Prozess)
Anmerkung zur Ausbringung:	• die Ausbringung bezieht sich auf den Befestigungsvorgang durch ein Klammeraggregat auf einem Element • sie ist abhängig von der Elementlänge, der Klammerlänge und dem Klammerabstand • werden zur Befestigung Schrauben eingesetzt, kommt es zusätzlich darauf an, ob es sich um mehrere parallel geschaltete Magazinschrauber handelt oder ob bei jedem Schraubvorgang nur eine Schraube eingebracht wird

4.8.3 Knickarmroboter mit Werkzeugen

Der Knickarmroboter ist auch für die Befestigung und Bearbeitung der Beplankung eine flexible Automatisierungslösung (Abb. 4.36). Da Aggregate wie Plattensauger, Nagler oder Schrauber am Roboter einfach zu wechseln sind, wird

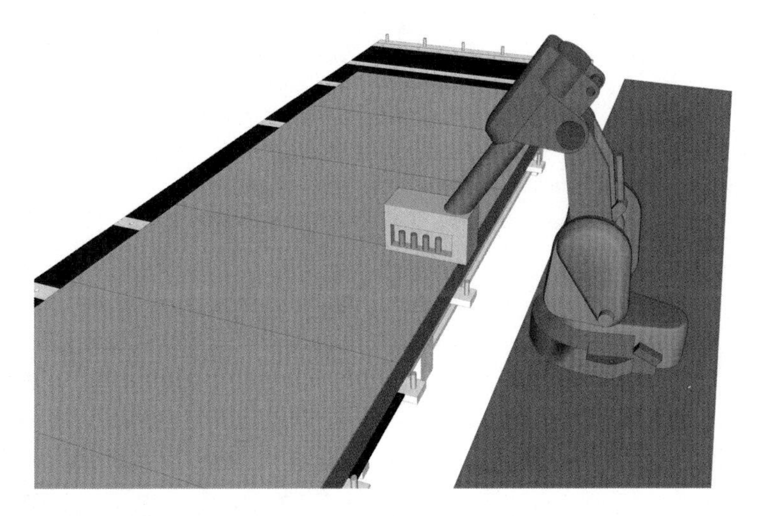

Abb. 4.36 Befestigung der Beplankung durch Knickarmroboter

er meist sowohl für das Auflegen als auch für die Befestigung und Bearbeitung der Platten eingesetzt. Werden spanende Tätigkeiten durchgeführt, muss jedoch die Absaugung von Staub und Spänen gewährleistet werden sowie die sicherheitstechnische Einhausung der Werkzeuge. Um die Reichweite des Roboters zu erhöhen, wird er beweglich auf Linearachsen angebracht, welche ein- oder beidseitig des Bearbeitungstisches liegen können.

Ausbringung: ähnlich Abschn. 4.8.2, da der limitierende Faktor die Auslösegeschwindigkeit des Klammergeräts ist und nicht die Vorschubgeschwindigkeit eines Roboters oder Portals.

4.8.4 Linear- oder Portalroboter mit Werkzeugen

Linear- und Portalroboter können ähnlich wie die die Knickarmroboter eingesetzt werden (Abschn. 4.8.3), jedoch ist ihnen durch ihr Maschinengestell eine größere Reichweite sowie Traglast für größere und schwerere Werkzeuge möglich.

Ausbringung: ähnlich Abschn. 4.8.2.

4.8.5 Vergleich und Einordnung der Befestigungs- und Bearbeitungssysteme der Beplankung

Beim manuellen Befestigen der Platten ist speziell das Einhalten des vorgegebenen Klammerabstandes zum Plattenrand herausfordernd, was für die präzise Positionierung zu erhöhten Bearbeitungszeiten führt. Die Prozesszeiten der automatisierten Lösungen sind allesamt ähnlich einzuschätzen, da alle Technologien sehr ähnliche Aggregate einsetzen und die Bearbeitungen generell datenbasiert ablaufen (Tab. 4.12). Die Entscheidung für ein System wird meist im Zusammenhang mit der Technologieauswahl des Plattenauflegens getroffen, sodass der Automatisierungsgrad beider Prozesse übereinstimmt bzw. die Anlagen beide Prozesse durchführen.

4.9 Wenden

Da die Elemente üblicherweise liegend auf Bearbeitungstischen erstellt werden, ist das Wenden zur beidseitigen Montage und Bearbeitung nötig. Der Prozess folgt in der Regel der Fertigstellung der ersten Beplankungsseite (meist raumseitig), um die Elemente zu dämmen und erneut zu beplanken. Obwohl das Wenden kein wertschöpfender Prozess ist, hat es dennoch Einfluss auf die Bearbeitungszeit der Elemente. Insbesondere bei der Einhaltung von Taktzeiten einer Linienfertigung kann der Prozess zum Hindernis werden. Um zumindest den Arbeitsbereich des Wendens produktiv nutzen zu können, werden dort oftmals Tätigkeiten wie beispielsweise das Einlegen von Vorinstallationen der Elektrik oder Dämmarbeiten hinzugenommen. Aus Sicherheitsgründen wird das Wenden üblicherweise von Mitarbeitenden beaufsichtigt und durchgeführt. Vollautomatisiert ist der Prozess nur unter erhöhten Sicherheitsanforderungen möglich (z. B. eingezäunte Zelle).

4.9.1 Wenden mittels Hallenkran oder Manipulator

Falls keine definierte Wendestation vorhanden ist, stellt das Wenden mittels Hallenkran oder Manipulator die einfachste Möglichkeit dar (Abb. 4.37). Die Elemente werden dabei beispielsweise an Aufhängepunkten angehängt, die ohnehin für die spätere Bewegung und Montage der Elemente durch einen Kran auf der Baustelle benötigt werden. Die Zuhilfenahme einer Traverse optimiert die Lastverteilung. Wird das Element angehoben, gilt es zu beachten, dass

Tab. 4.12 Vergleich unterschiedlicher Befestigungssysteme für die Beplankung (Bewertung der Kriterien von exzellent (+++) bis mangelhaft (− −))

Kriterien	Halbautomatisiertes Klammergerät	CNC-Bearbeitungsportal	Knickarmroboter	Linear- oder Portalroboter
Leistungsfähigkeit (Bearbeitungszeit)	−	++	++	++
Flexibilität	++	+	++	+++
Investition	+++	++	+	−
Zukunftsfähigkeit	−	+	++	++
Automatisierungsgrad	−	++	++	++
Platzbedarf	++	++	+	+
Anforderung an Daten	+++	−	−	−
Prozesssicherheit	++	++	+	+

im Element vorhandene Spannungen ggf. zu Beschädigungen führen können. Stoßempfindliche Materialien wie Gipskarton können außerdem schnell in Mitleidenschaft gezogen werden. Hallenkräne und Manipulatoren werden überwiegend im handwerklichen Bereich für das Wenden eingesetzt und sind in industriellen Fertigungen meist nur an Sonderfertigungsplätzen zu finden.

Prozessdauer:	2-5 Minuten
Anzahl Mitarbeitende:	1
Anmerkung zur Prozessdauer:	• Die Dauer ist abhängig davon, inwieweit noch vorbereitende Tätigkeiten wie z. B. das Holen eines Krans, das Warten auf Verfügbarkeit oder das Vorbereiten der Aufhängepunkte zum Tragen kommen.

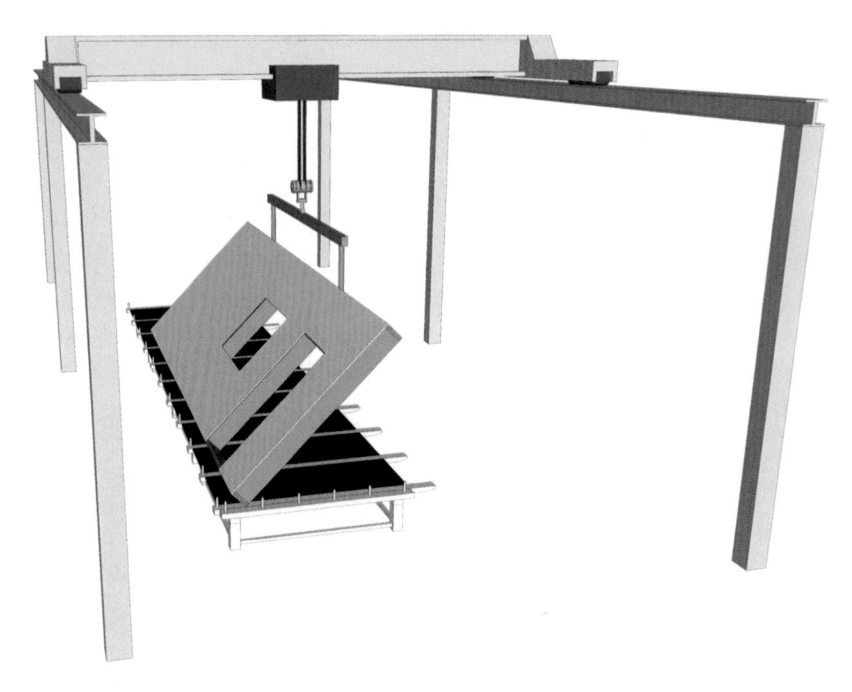

Abb. 4.37 Wenden mittels Hallenkran

4.9.2 Wenden durch zwei Elementtische

Ein gebräuchlicher Lösungsansatz ist das Wenden auf zwei parallelliegenden Elementtischen (Abb. 4.38). Das Element liegt auf dem sogenannten Gebertisch, von wo aus es auf den Nehmertisch übergeben wird. Dazu fährt ein Tisch auf den anderen oder beide Tische zeitgleich aufeinander zu woraufhin sie hydraulisch aufgestellt werden. Anschließend wird das Element, das nun aufrecht auf am Tisch befestigten Haltewinkeln steht, von einem auf den anderen Tisch gekippt. Für das Lösen der Elemente vom Gebertisch gibt es Anhebeeinrichtungen. In die Wendetische sind weitere Ausstattungen wie Spannvorrichtungen und Transporteinrichtungen integrierbar. So ist deren Nutzung zusätzlich für die Elementfertigung und den Weitertransport in einer Linie möglich. Weiterhin können zwei Wendetische eine in sich abgeschlossene Taktfertigung bilden, in der die eine Elementseite im ersten Takt auf dem Gebertisch gefertigt wird und die zweite Elementseite nach dem Wenden im zweiten Takt auf dem Nehmertisch fertiggestellt wird. Während die Fertigstellung auf dem Nehmertisch läuft, kann auf dem Gebertisch bereits die Fertigung eines neuen Elements beginnen. Bevor das Wenden des nächsten Elements durchgeführt werden kann, muss der Nehmertisch geleert sein. Der Einsatz zweier Elementtische zum Wenden hat zur Folge, dass die Fertigungslinie in jedem Fall zwei parallele Tischreihen erfordert (versetzte Fertigungslinie).

Prozessdauer:	ca. 2 Minuten
Anzahl Mitarbeitende:	1
Anmerkung zur Prozessdauer:	• Die Dauer ist abhängig davon, inwieweit noch vorbereitende Tätigkeiten wie z. B. das Fördern des Elements oder das Verfahren des Geber- oder Nehmertisches notwendig sind.

4.9.3 Wenden auf der Stelle

Ein Ansatz, der sich erst in den letzten Jahren etabliert hat, ist das Wenden auf einem einzelnen Tisch bzw. Arbeitsbereich (Abb. 4.39). Zum Einsatz kommt diese Lösung herstellerbedingt hauptsächlich in Verbindung mit einem langen, durchgängigen Elementtisch (siehe Abschn. 3.3.2), sie kann jedoch auch als Einzelkomponente einer Taktlinie mit mehreren einzelnen Bearbeitungstischen

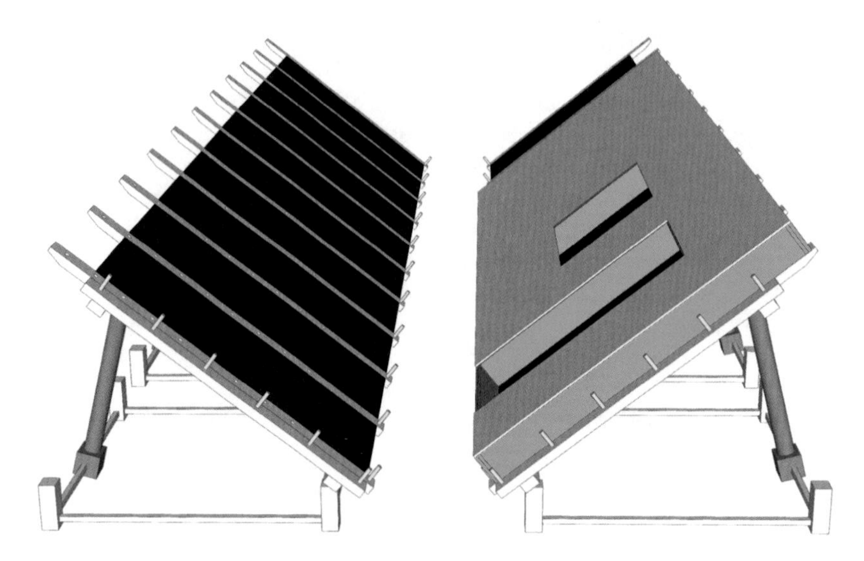

Abb. 4.38 Wenden durch zwei Elementtische

eingesetzt werden. Je nach Länge der zu fertigenden und wendenden Elemente werden mehrere Wendevorrichtungen eingesetzt. Diese Art zu Wenden ermöglicht es in der Layoutgestaltung, Fertigungstische in einer einzelnen Linie anzuordnen, ohne dass ein Versatz nötig ist wie beim Wenden durch zwei Elementtische. Dieser Umstand verringert den Platzbedarf der Fertigungstische.

Prozessdauer:	ca. 2 Minuten
Anzahl Mitarbeitende:	1
Anmerkung zur Prozessdauer:	• Die Dauer ist abhängig davon, inwieweit noch vorbereitende Tätigkeiten wie z. B. das Fördern des Elements notwendig sind

4.9.4 Vergleich der Wendesysteme

Das Wenden auf der Stelle ohne die Nutzung zweier Tische lässt mit der geraden Fertigungslinie ein schlankeres Layout zu. Es bietet weiterhin den Vorteil,

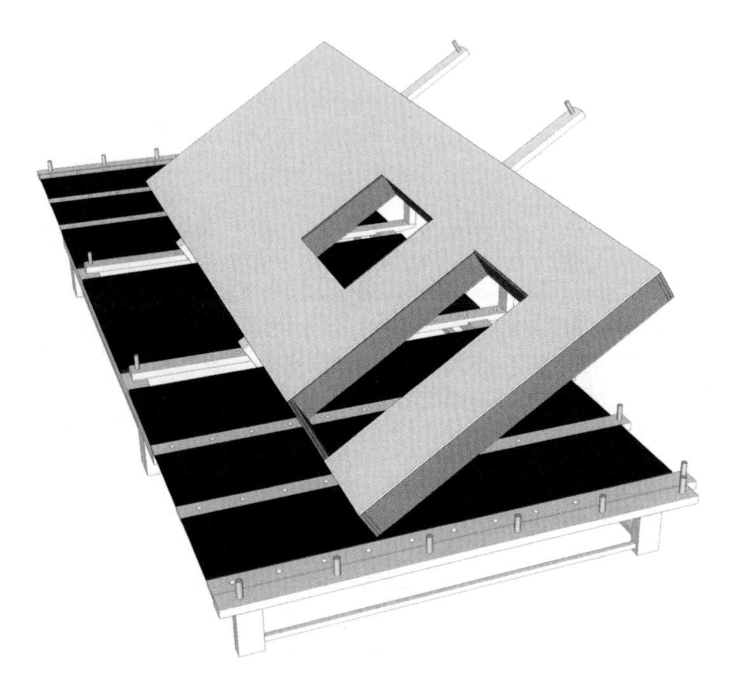

Abb. 4.39 Wenden auf der Stelle

dass der Prozess nicht vom Status eines nachgelagerten Tisches bzw. Bereiches abhängig ist. Vor dem Wenden durch zwei Elementtische muss der Nehmertischen geleert worden sein, weshalb während der Zeit des Wendens auf beiden Tischen keine wertschöpfenden Tätigkeiten möglich sind. Wird dahingegen auf der Stelle gewendet, können die Arbeiten der angrenzenden Bereiche währenddessen fortgesetzt werden. Der anschließende Weitertransport der Elemente geschieht für einen homogeneren Fertigungsfluss zeitgleich. Darüber hinaus ist mit dieser Wende-Technologie die Gestaltung des Arbeitsplatzes als abgeschlossene Inselfertigung möglich.

4.10 Dämmung des Holzrahmenbaugefachs

Im Bereich des Dämmens war in den vergangenen Jahren eine starke Weiterentwicklung des Angebots und ein deutlicher Trend zu nachwachsenden

Dämmstoffen wie Holzweichfaser, Zellulose, Hanf, Stroh etc. zu erkennen. Zum Einsatz kommen weiterhin diverse Materialien in unterschiedlichen Formen. Flächige Dämmung wird beispielsweise in Wärmedämmverbundsystemen analog zur Plattenbearbeitung eingesetzt. Viele Materialien werden außerdem zu Matten oder Platten komprimiert. Da sie oft nicht formstabil sind, lässt sich deren Einbringung in die Gefache meist nicht prozesssicher automatisieren.

Dem entgegen steht loses Dämmmaterial, das in die Gefache von Holzrahmenbauelementen geblasen wird. Der Dämmprozess des Einblasens befindet sich auf dem Vormarsch, da er sehr gut automatisierbar ist. Hinzu kommt der wesentliche Vorteil, dass keine Materialverluste durch Verschnitt entstehen. Damit entfallen die Kosten und der Prozess der Entsorgung sowie der damit verbundene Platzbedarf und Logistikaufwand. Diese sogenannte Einblasdämmung kann sowohl vor als auch nach der Beplankung der Elemente eingebracht werden. Man spricht dabei vom Dämmen in offene oder geschlossene Gefache.

Das Einblasen in geschlossene Gefache ist auf Baustellen bereits seit längerem im Einsatz. Die vorgefertigten Elemente werden beidseitig beplankt und nicht gedämmt. In die raumseitige Beplankungsschicht (Platten oder Folien) werden in der Vorfertigung oder auf der Baustelle stellenweise Öffnungen eingebracht, wodurch nach der Montage am Bau dann die Dämmung über Schläuche eingeblasen wird. Dieser Prozess kann analog auch in der Vorfertigung durchgeführt werden. Da die Verteilung des Dämmmaterials im geschlossenen Gefach nicht visuell überwacht werden kann, wird die Dämmung in der Vorfertigung jedoch aus Gründen der Qualitätskontrolle weitgehend in offene Gefache geblasen. Für diesen Zweck gibt es Einblasplatten, die über das zu dämmende Gefach positioniert werden und das Material flächig durch mehrere Düsen einblasen. Gleichwohl stellt die Kontrolle des Dämmstoffvolumens auch beim Einblasen ins offene Gefach eine Herausforderung dar. Ermittelt werden kann das Volumen zum einen über den Volumenstrom und die Einblaszeit. Zum anderen kann eine Gewichtsprüfung über eine Wiegefunktion im Bearbeitungstisch durchgeführt werden, indem das Element nach dem Ausblasen jedes Gefachs gewogen und so die Differenz festgestellt wird.

Der Dämmstoff wird gewöhnlicherweise für kleine Mengen in Säcken, für große Mengen komprimiert in Großballen angeliefert, welche in Ballenfräsen zu einblasbarer Dämmung aufgelockert werden. Während die Hersteller der Dämmstoffe meist auch die Systeme zum Einblasen anbieten, liefern sie nur bedingt auch die nötige Automatisierung. Für diese müssen üblicherweise unabhängige Maschinenbauer hinzugezogen werden.

Im Folgenden werden die Automatisierungsmöglichkeiten für das Einblasen der Dämmung in offene Gefache in der Vorfertigung beleuchtet.

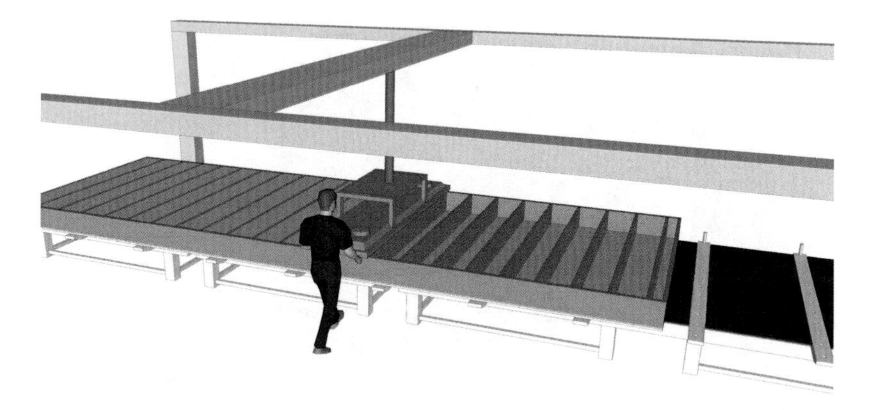

Abb. 4.40 Dämmen mit manuell geführter Einblasplatte

4.10.1 Manuell geführte Einblasplatte am Kran oder Portal

Eine teilautomatisierte Einstiegslösung, die sowohl in handwerklicher als auch in industrieller Produktionsumgebung eingesetzt werden kann, ist die am Portal, Hallen-, Leichtbau- oder Wandlaufkran angehängte Einblasplatte (Abb. 4.40). Sie wird von ein bis zwei Mitarbeitenden manuell geführt und auf den auszudämmenden Gefachen positioniert. Die Steuerung erfolgt direkt an der Platte.

4.10.2 CNC-Bearbeitungsportal mit Dämmplatte

Das bereits mehrfach erwähnte System des CNC-Bearbeitungsportals kann durch das Befestigen einer Dämmplatte ebenfalls zum Einblasen der Dämmung genutzt werden (Abb. 4.41). Da es die Informationen über die Lage und das Volumen der zu dämmenden Bereiche über CNC-Daten erhält, werden Dämmplattenpositionierung und Einblasprozess ohne das Eingreifen von Mitarbeitenden vollzogen. Mit der Möglichkeit die Dämmplatte um 90° zu drehen, können auch längsliegende Gefache durch das Portal gedämmt werden. Wird das CNC-Bearbeitungsportal nicht durch den Dämmprozess vollständig ausgelastet, kann es ggf. durch weitere Werkzeuge auch für vor- oder nachgelagerte Prozesse genutzt werden.

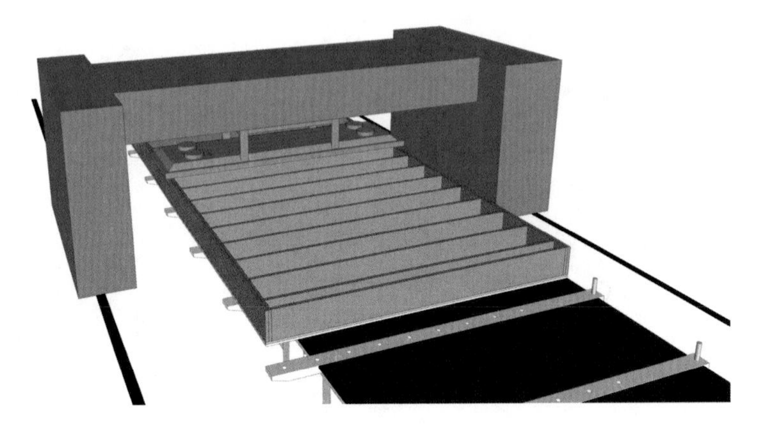

Abb. 4.41 Dämmen mit Einblasplatte an CNC-Portal

4.10.3 Linear- oder Portalroboter mit Dämmplatte

Linear- oder Portalroboter, die für die Erstellung des Riegelwerks oder der Beplankungsschichten genutzt werden, sind ebenso in der Lage, das Dämmen vollautomatisiert zu übernehmen (Abb. 4.42). Die Systeme können speziell für den Dämmprozess ausgelegt werden oder so, dass der Roboter zwischen der Dämmplatte und anderen Aggregaten wie Plattensaugern wechseln und somit mehrere Prozesse durchführen kann. Dies ermöglicht beispielsweise eine Zellenfertigung, bei der alle Prozesse an einer Stelle durchgeführt werden.

4.10.4 Vergleich der Systeme für die Integration einer Dämmplatte

Die oben beschriebenen Systeme unterscheiden sich meist nur in der Flexibilität, dem Automatisierungsgrad sowie der erforderlichen Investitionshöhe. Berücksichtigt man diese Faktoren so ist das CNC-Bearbeitungsportal in den meisten Fällen als ausreichend flexible und kosteneffiziente Lösung zu betrachten. Für industrielle Produktionen bedingt die manuell geführte Einblasplatte einen zu hohen Personaleinsatz.

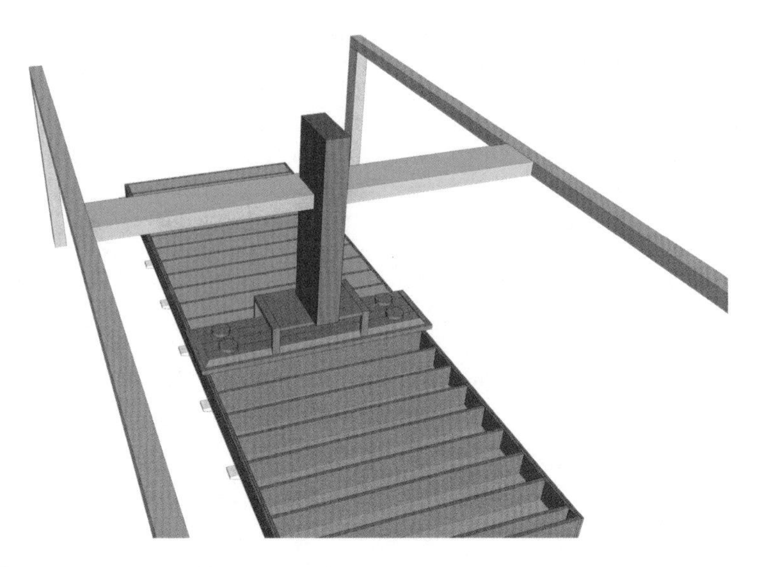

Abb. 4.42 Dämmen mit Einblasplatte an Portalroboter

4.11 Verputzen

Obwohl der Trend zu nachwachsenden Rohstoffen auch in der Gestaltung der Gebäudefassade wiederzufinden ist und daher vermehrt auf Holzschalung gesetzt wird, ist das Verputzen insbesondere im Einfamilienhausbau weiterhin relevant. Einige Produktionen integrieren nach Abschluss der beidseitigen Elementbeplankung das Verputzen der Außenwandelemente in ihrem Finish-Bereich der Vorfertigung. Für das Aufbringen eines Putzes besteht die äußere Beplankung aus einer Putzträgerplatte, die es in Form unterschiedlicher Materialien wie EPS, Steinwolle oder Holzweichfaserplatten gibt.

In der Vorfertigung wird meist nur der Armierungsputz aufgetragen, der aus Armierungsgewebe und Unterputz besteht. Um Beschädigungen an der Oberfläche, die während des Transports und der Montage entstehen können, zu vermeiden, wird der Deckputz erst auf der Baustelle aufgetragen. So ist es nach der Montage außerdem möglich, die Fugen zwischen den Elementen für ein optisch ansprechenderes Ergebnis zu verschließen.

Die Automatisierung des Prozesses ist beispielsweise mittels Einsatz eines Portals möglich, das über das stationär liegende Element hinwegfährt, das Armierungsgewebe abrollt sowie den Putz aufträgt und ebnet. Für eine alternative

Lösung wird das Element stehend durch eine stationäre Putzauftragsmaschine gefahren, die das Armierungsgewebe abrollt und den Grundputz in vertikalen Bewegungen aufsprüht. Während der Auftrag eines Innenputzes bereits durch Roboter durchgeführt werden kann, wird der Einsatz für den Außenputz bislang gemieden, was insbesondere mit dem unterschiedlichen Putzmaterial und dessen höheren Verschmutzungsgrad zusammenhängt.

Obgleich es diverse Ansätze zur Automatisierung des Verputzens gibt, existieren keine ausgereiften Standardlösungen am Markt. Anlagen dieser Art werden bislang meist in Zusammenarbeit mit Maschinenbauern und Putzherstellern individuell für Produktionen konzipiert. Trotz automatisiertem Putzauftrag ist der Gesamtprozess nach wie vor mit vielen manuellen Handgriffen verbunden wie z. B. an Fensterlaibungen. Somit besteht enormer Handlungsbedarf für die Erforschung und Entwicklung automatisierter Verputzlösungen.

4.12 Lattung

Latten kommen im Holzbau z. B. als Trag- und Unterkonstruktion für die Dacheindeckung und Fassadenelemente oder auch raumseitig im Decken- und Dachbereich zum Einsatz. Abhängig von der jeweiligen Funktion müssen sie längs oder quer auf dem Element ausgerichtet werden. Der entscheidende Vorteil einer Automatisierung in diesem Bereich ist, dass die oft aufwendige Messtätigkeit, Bauteilpositionierung, -ausrichtung und -befestigung automatisch abläuft. Mit entsprechenden Werkzeugen können Knickarm- und Portalroboter die Aufbringung der Lattung übernehmen. Für die Ausrichtung der Latten quer zum Element ist der Prozess ebenfalls durch den Einsatz eines CNC-Bearbeitungsportals in Verbindung eines mitfahrenden Lattenmagazins, das außerhalb der Anlage bestückt werden kann, effizient zu automatisieren. Sind die Latten jedoch längs am Element ausgerichtet, ist das Handling der langen Bauteile durch das Bearbeitungsprotal meist dimensionsbedingt nicht möglich. Üblicherweise wird die Automatisierungslösung mit dem Fokus auf die vor- und nachgelagerten Prozesse gewählt und mit dem nötigen Werkzeug ausgestattet, sodass zusätzlich das Verlegen der Lattung übernommen werden kann.

4.13 Schalung

Für die Aufbringung von Schalungsbrettern gibt es erste Automatisierungsansätze durch Roboter, welche jedoch bisher nicht in der Breite angewandt werden.

Bei der manuellen Anbringung werden die Bretter üblicherweise erst nach der Befestigung final formatiert, um den Prozess der Positionierung und Ausrichtung zu erleichtern. Auf diese Weise ist bei diesen Prozessen keine höchste Präzision erforderlich, da das Endmaß entweder manuell oder mithilfe eines CNC-Bearbeitungsportals zuletzt am Element hergestellt wird. Bei der Nutzung eines Roboters kann der Zuschnitt der Bretter vorgelagert werden, da die automatische Positionierung ohne Verlängerung der Prozesszeiten sehr präzise ist. Fensterlaibungen werden jedoch unabhängig der ausgewählten Automatisierungslösung manuell ausgeführt oder durch vorgefertigte Fenstermodule gelöst. Je nach Ausführung der Schalung kann ein CNC-Bearbeitungsportal neben dem Prozess des Auflegens auch zur Befestigung eingesetzt werden, falls die Befestigungsmittel nicht verborgen angebracht werden müssen.

4.14 Weitere digitale Unterstützungsmöglichkeiten

Je komplexer die Konstruktion der Elemente desto schwieriger ist es, die Fertigung zu automatisieren. Um auch manuelle Prozesse möglichst effizient zu gestalten, werden Werkzeuge des Lean Managements eingesetzt, welche auf dem Toyota Produktionsprinzip beruhen. Der Grundgedanke ist die Verschwendungsbeseitigung in jeglichen Prozessen (Ohno et al. 2013, S. 35). Erreicht wird dies zum einen durch die Betrachtung einzelner Arbeiten und Fähigkeiten der Mitarbeitenden und zum anderen durch Teamarbeit zur Erfüllung des Ziels der Termineinhaltung (Ohno et al. 2013, S. 41). Es wird zwischen sieben Verschwendungsarten unterschieden: Überproduktion, Wartezeiten, Transport, ineffektive Bearbeitungen, Lager, überflüssige Bewegungen und fehlerhafte Produkte (Ohno et al. 2013, S. 54). Diese gilt es zu identifizieren und mit den richtigen Hilfsmitteln zu reduzieren und beseitigen.

Abhilfe schafft nicht zuletzt die Digitalisierung der Prozesse. Ein erster Schritt für den Produktionsbereich ist die digitale Bereitstellung der Pläne für die Produktionsmitarbeitenden. Denn Konstruktionspläne in Papierform enthalten keine Metadaten, die vertiefte Informationen preisgeben, und erlauben keine Interaktion, um bei Bedarf weitere Details über ein Bauteil aufzurufen. Zur Aktualisierung der Pläne, nachdem Anpassungen durchgeführt wurden, müssen sie erneut gedruckt und manuell verteilt werden. Mitarbeitenden wird mit der Nutzung digitaler Assistenzsysteme der Zugriff auf Daten und Konstruktionspläne erleichtert. Voraussetzung dafür ist eine umfangreiche Datenbasis und -aufbereitung in den Bereichen der Konstruktionsdetails und -ausführungen aller

Prozesse. Verschwendungen und Nebenzeiten, die durch unklare oder veraltete Pläne bedingt werden, werden so reduziert.

4.14.1 Touchdisplays und Industrie Tablets

Ein Hilfsmittel für die digitale Bereitstellung von Informationen in der Fertigung sind berührungsempfindliche Monitore oder Tablets. Die Pläne werden auf diese Weise stets automatisch aktualisiert und können interaktiv genutzt werden, sodass sich die Mitarbeitenden bei Bedarf einzelne spezifische Details anzeigen lassen können.

4.14.2 Laserprojektion

Insbesondere um die zeitaufwendigen Tätigkeiten des Planlesens und Vermessens der Bauteilpositionen obsolet zu machen, ist es möglich, Laserprojektoren zu nutzen, die die Bauteillagen über die Konstruktionsdaten auf den Montagetisch projizieren (Abb. 4.43). Die Projektoren sind in der Lage alle Schichten des Elements, jedes einzelne Bauteil und sogar alle Befestigungspunkte und Bearbeitungsbereiche für Zuschnitte oder Fräsungen anzuzeigen. Je nach Auslegung des Geräts können die einzelnen Kategorien in unterschiedlichen Farben dargestellt werden. Die Lasersysteme können die Bauteilumrisse mit Toleranzen unter 1 mm darstellen. Es besteht die Möglichkeit die Projektion schichtweise oder die einzelnen Bauteile Schritt für Schritt in Montagereihenfolge anzeigen zu lassen. Der Anzeigewechsel durch den Projektor findet entweder über manuelle Rückmeldung der Mitarbeitenden statt oder durch Kamerasysteme, die die korrekte Positionierung der Bauteile erkennen und dies an das Lasersystem melden. Die Nutzung dieser Systeme und die Art und Weise der Laserdarstellung steht in Abhängigkeit zur Detaillierung und Datenaufbereitung.

4.14.3 Mixed Reality

Die Mixed Reality, vermischte Realität, nutzt einen ähnlichen Ansatz wie die Laserprojektion, indem Informationen für Mitarbeitende visualisiert werden. Hauptkomponente ist eine Brille, die die Elemente mit den einzelnen Bauteilen in einer virtuellen Realität dreidimensional inmitten der realen Produktionsumgebung darstellt. So ist es den Mitarbeitenden möglich, die zu

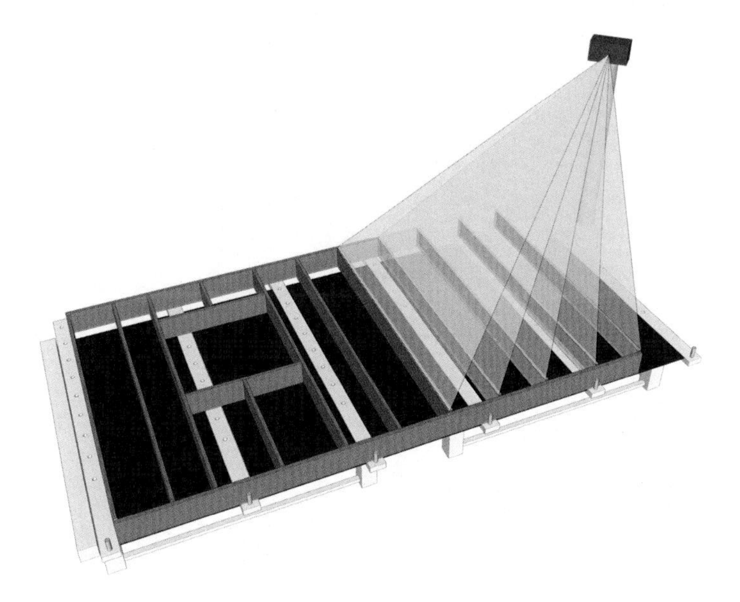

Abb. 4.43 Laserprojektion für Erstellung Riegelwerk

erstellende Konstruktion virtuell auf dem Montagetisch zu sehen und diese sukzessive aufzubauen. Diese Technologie bietet somit erweiterte Optionen der Informationsbereitstellung im Vergleich zur Laserprojektion.

4.14.4 Pick-by-Light- und Pick-to-Light-Systeme

Die Systeme Pick-by-Light und Pick-to-Light unterstützen Mitarbeitende beispielsweise bei der Kommissionierung von Kleinteilen im Lager, Bauteilen nach dem Zuschnitt und bei der Montage der Elemente, indem sie den Mitarbeitenden Lichtsignale geben. Diesen wird dadurch erkenntlich gemacht, welche Bauteile in welchen Bereichen abzulegen bzw. welche Teile aufzunehmen sind. So bleiben ihnen Suchzeiten und unnötige Handgriffe durch die Umsortierung von Teilen erspart. Voraussetzung für die Nutzbarkeit dieser Technologie ist die geeignete Datenerstellung inklusive Sortier- bzw. Fertigungsreihenfolge.

5 Digitaler Prozess und Informationsfluss im Holzbau

In Betrachtung der oben beschriebenen Automatisierungslösungen ist unverkennbar, welch signifikante Rolle eine umfangreiche Datengenerierung, -aufbereitung und -bereitstellung spielt. Für die Implementierung vollautomatischer Prozesse ist es essenziell, Daten von Konstruktionsplänen und -details für alle Materialien und Bauteile zu erstellen, die für alle Prozesse die nötigen Informationen enthalten.

Ein verschwendungsfreier Produktionsablauf ist jedoch nur realisierbar, wenn diese Daten vollständig und fehlerfrei sind. Dies gilt nicht nur für die Holzbauvorfertigung, sondern vielmehr für den gesamten Bauprozess. Da von Beginn der Planung bis zur Bauabnahme viele unterschiedliche verantwortliche Fachbereiche und Gewerke Teil der Gesamtprozesskette sind, gibt es sowohl in der Planung als auch im Bauprozess selbst unzählige Schnittstellen und Abhängigkeiten untereinander. Ein gelungener Gesamtablauf hängt daher nicht zuletzt von der reibungslosen Informations- und Arbeitsübergabe der Bereiche ab, welche fehlerfrei und vollständig sein sollten. Indem zahlreiche Informationen nicht in der erforderlichen Qualität zum definierten Zeitpunkt weitergegeben werden, stellen Schnittstellen große Kostentreiber im Bauprozess dar. Dass es dazu kommt, liegt häufig daran, dass die Erwartungshaltung und Anforderungen an den jeweils vorgelagerten Prozess nicht klar definiert sind, weshalb die Arbeits- oder Informationsübergabe sodann lücken- und fehlerhaft ist. Dies führt wiederum zu Verschwendungen wie Nacharbeiten aufgrund von Fehlern oder Wartezeiten.

Demzufolge ist das Potenzial im Holzbau nur umfangreich zu heben, wenn die Möglichkeiten der jeweiligen Fertigung bereits in der Planung berücksichtigt werden und die Konstruktion darauf ausgelegt wird. Entscheidend für eine optimale Abstimmung ab der Entwurfsphase sind Fachkräfte der Architektur- und Fachplanung, die mit den Abläufen einer Holzbauvorfertigung vertraut sind und die

A. Heinzmann und N. Karatza, *Automatisierung und Digitalisierung im Holzbau*,
https://doi.org/10.1007/978-3-658-38763-1_5

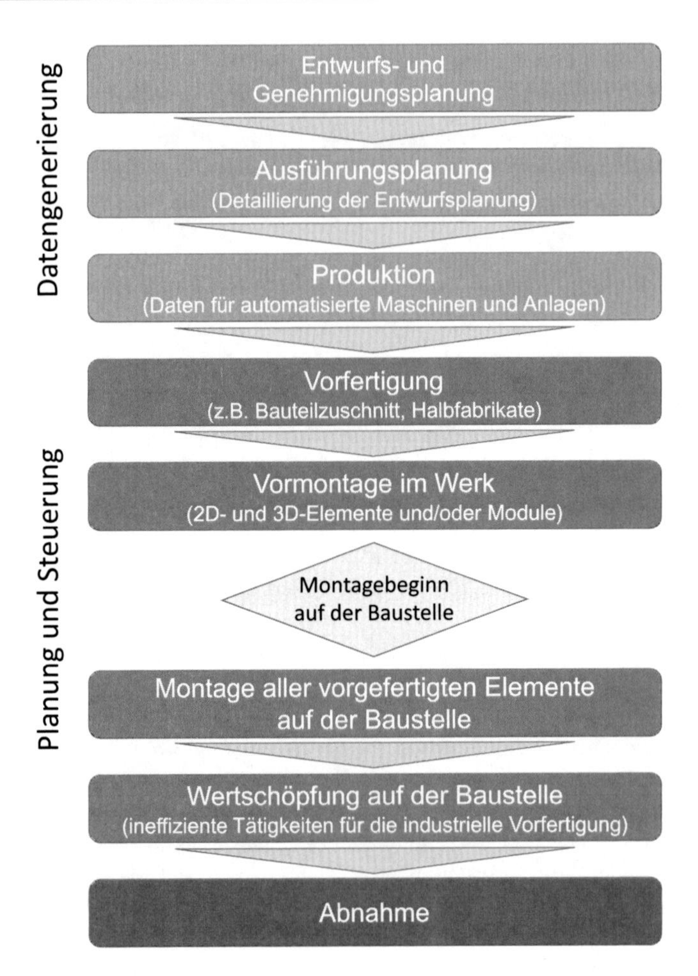

Abb. 5.1 Datenprozess im Holzbau

benötigten Kompetenzen aufweisen, um den Fertigungsbezug in der Planung herzustellen. Denn die Entwurfsplanung hat den größten Einfluss auf alle weiteren Kosten der gesamten Vorfertigung und Montage auf der Baustelle (Abb. 5.1).

Eine Arbeitsmethode, die die Zusammenarbeit verschiedener Fachbereiche und Gewerke erleichtern und die Schnittstellen somit verbessern soll, ist das Building Information Modeling (BIM). Bei dieser kollaborativen Methodik wird ein digitales Modell des Gebäudes erzeugt, welches in einer gemeinschaftlichen Datenumgebung über dessen gesamten Lebenszyklus von allen Beteiligten genutzt wird (Messmer und Austen 2020, S. 6). Bislang ist BIM jedoch im Holzbau spärlich verbreitet, da den Planenden das nötige Fachwissen zu dessen Nutzung fehlt. Insofern wirkt sich die Anwendung meist negativ auf Zeit und somit Kosten aus, anstatt dass diese eingespart werden, wie es eigentlich das Ziel ist. Hinzu kommt, dass in einem BIM-Modell zwar alle Informationen über ein Gebäude aufgenommen werden, jedoch kein Bezug zur eigentlichen Fertigung besteht und keine Integration der Produktionsdaten möglich ist. Im Gegensatz zum Massivbau erweist sich im Holzbau außerdem die höhere Komplexität der Konstruktionen als herausfordernd, da diese den Planungsaufwand signifikant erhöhen.

Darüber hinaus sind die wesentlichen Leistungsphasen nach der deutschen Honorarordnung für Architekten und Ingenieure (HOAI) nicht auf das serielle und industrielle Bauen in höchstem Vorfertigungsgrad abgestimmt, da z. B. eine fertigungsgerechte Ausführungsplanung auf Grund von mangelndem Wissen über die detaillierte Vorfertigung nicht durch ArchitektInnen durchgeführt werden kann.

Im Folgenden wird auf die einzelnen Bereiche des Bauprozesses eingegangen und sowohl die heutige Vorgehensweise als auch Visionen der Ablaufoptimierung skizziert.

5.1 Datengenerierung Entwurfs- und Genehmigungsplanung

Diese erste Phase bildet die Planungsgrundlage, in der definiert wird, wie effizient und zu welchen Kosten das Objekt gefertigt werden kann. Um eine möglichst zuverlässige Aussage treffen zu können, müssen die individuellen Möglichkeiten der Produktionen in der Planung berücksichtigt werden. Jedoch sind Planende nach heutigem Stand meist nicht umfangreich über die spezifischen Produktionsbedingungen, unter denen das Gebäude industriell vorgefertigt wird, informiert. Somit sind ihnen die Auswirkungen, die unterschiedliche Designs auf die Konstruktion und Montage haben, nicht bekannt. Infolgedessen ist eine produktionszentrische Planung aktuell nur bedingt möglich.

Darüber hinaus erhalten Planende bis zum heutigen Stand in den seltensten Fällen eine manuelle und keinesfalls eine automatisierte Rückmeldung zur Machbarkeit der entworfenen Architektur und Konstruktionen. Der Informationsfluss erfolgt heutzutage üblicherweise nur von der Planung zur Fertigung und Ausführung und nicht in entgegengesetzter Richtung. Hilfestellung würden Leitdetails auf Basis der Fertigung bieten, die den Planenden in digitaler Form bereitgestellt werden und ihnen den nötigen Einblick in die Vorfertigung erlauben. Höchste Effizienz könnte weiterhin über eine parametrische Planung erreicht werden, die auf die Anforderungen der jeweiligen Fertigung beruht und somit die Machbarkeit der Umsetzung sichert. Idealerweise würden erstellte Entwurfspläne über einen Algorithmus geprüft werden, welcher die Umsetzbarkeit der Konstruktion beurteilt und zusätzlich anzeigt, welche kostentechnischen Auswirkungen einzelne Planungs- und Ausführungsdetails haben. Auf diese Weise könnten Pläne daraufhin so angepasst werden, dass Prozesse der Vorfertigung und Montage aber auch weitere Tätigkeiten im gesamten Bauablauf arbeits- und somit kosteneffizienter werden. In der Genehmigungsplanung müssen außerdem insbesondere in den Bereichen Bauphysik, Statik, Wärme-, und Brandschutz alle Nachweise erbracht werden. Diese stehen in starker Abhängigkeit vom gewählten Bauort und der geplanten Gebäudeklasse und unterscheiden sich somit von Bauvorhaben zu Bauvorhaben. Aus diesem Grund und, weil es keine ausreichende Standardisierung oder etwa Musterausführungen gibt, werden die Prüfungen individuell für jedes Projekt durchgeführt.

5.2 Datengenerierung Ausführungsplanung

Die für die Baugenehmigung erforderliche Fachplanung (z. B. Bauphysik), die in der vorherigen Phase erstellt wurde, stellt Anforderungen an die zu verwendenden Materialien sowie den Schichtaufbau der Elemente. Auf Basis dieser Vorgaben wird nun mit der Ausführungsplanung die Konstruktion erstellt, die alle Montagedetails sowie Bauteil- und Materialinformationen beinhaltet. Um dabei bereits alle produktionsspezifischen Möglichkeiten zu berücksichtigen, wird diese Planung im Idealfall durch die ausführende Holzbaufirma erstellt.

Bislang werden die gebäudespezifischen Konstruktionsdetails oft individuell für die Produktion eines Gebäudes erstellt, ohne dass in der Breite auf Leitdetails oder sich wiederholende Komponenten zurückgegriffen werden kann. So kommt es, dass verschiedene Personen der Planungsabteilung etwa Aufgabenstellungen oder Konstruktionsdetails auf unterschiedliche Art und Weise lösen. Dies ist jedes Mal aufs Neue ein aufwendiger Prozess und setzt einen hohen Grad an Fachwissen voraus. Darüber hinaus muss in dieser Phase nun auch die gesamte Haustechnik im Detail geplant werden. Um diesen Prozess zu optimieren, wäre auch hier eine automatisierte Planung auf Basis von Parametern ideal. In Verbindung mit maschinellem Lernen könnten Basisdaten kontinuierlich angereichert werden, mit denen eine zunehmende Genauigkeit der automatischen

Planung für weitere Gebäude erreicht wird. Mittels einer Ähnlichkeitssuche wäre es möglich, neue Details mit bereits erstellten abzugleichen und in Ausführungspläne zu übersetzen, die bei Bedarf nur noch geringfügig angepasst werden müssten. Je detaillierter die Ausführungsplanung stattfindet, desto weniger Ausführungsdetails müssen anschließend in der Produktion oder auf der Montage abgestimmt und angepasst werden. Im Idealfall werden in dieser Phase alle Daten für automatisierte und manuelle Prozesse der Produktion und Montage erzeugt.

5.3 Datengenerierung Produktion

Ein steigender Automatisierungsgrad der Produktionsprozesse hat erhöhte Anforderungen an die Qualität der Datenaufbereitung und -bereitstellung zur Folge. Die in der Ausführungsplanung definierten Konstruktionsdetails müssen nun in Daten für die Maschinen und Anlagen in der Produktion übersetzt werden. Auch hier könnte die Effizienz durch eine Automatisierung der Planung auf Basis von Parametern und Regeln erhöht werden.

Aktuell erfordern Maschinen und Anlagen oftmals mehrere unterschiedliche Datenformate. Allmählich setzt sich jedoch mit dem BTL- oder BTLx-Format ein Standard durch, der von mehr und mehr Maschinenanbietern verarbeitet wird. Dieser Datenstandard wird von jeder gängigen Software für Holzbaukonstruktionen unterstützt. BTLx-Daten enthalten alle relevanten Bauteil- und Bearbeitungsinformationen im Detail und können somit von Anlagen unterschiedlicher Produktionsbereiche verarbeitet werden. Für die Produktionsprozesse erforderliche Informationen sind primär die Beschreibung der benötigten Bauteilbearbeitungen und deren Einbaureihenfolge in der Vormontage. Die definierte Montagereihenfolge der Bauteile in die einzelnen Elemente bedingt neben den Fertigungsprozessen selbst auch den Ablauf der vorgelagerten Bereiche des Materialzuschnitts, der Teilesortierung und der Logistik zur Materialbereitstellung. Das übergeordnete Ziel ist stets, dass alle Komponenten in richtiger Form zur richtigen Zeit am richtigen Arbeitsplatz bereitgestellt werden.

5.4 Planung und Steuerung der Vorfertigung und Vormontage im Werk

Ein reibungsloser Fertigungsfluss bedarf einer fehlerfreien Produktionsplanung. Da Holzbauprozesse rückwärts terminiert werden, ist die Montagereihenfolge der Elemente auf der Baustelle maßgebend für den gesamten Herstellungsprozess.

Die Montagereihenfolge bedingt die Logistik und somit die Verladereihenfolge der Elemente, welche wiederum vorgibt, welche Elemente zu welchen Zeitpunkt fertiggestellt sein müssen. Betrachtet man die Fertigungskette allein nach der benötigten Reihenfolge am Ende der Produktion, erscheint es ideal, die Elemente in exakt dieser Sequenz zu fertigen. Dies ist unter realen Produktionsbedingungen jedoch nicht sinnvoll, da die Fertigungszeiten der einzelnen Elemente variieren, was insbesondere bei Linienfertigungen mit verketteten Arbeitsbereichen unterschiedliche Taktzeiten zur Folge hat. Für einen fließenden Durchlauf muss die Herstellung von Elementen ähnlicher Fertigungszeiten zusammengefasst werden (vgl. Linienfertigung, Abb. 3.4), wodurch die Fertigung in Verladereihenfolge üblicherweise nicht möglich ist. Eine große Varianz der Fertigungszeiten einzelner Elemente durch unterschiedliche Komplexitäten erschwert zudem eine klare Taktung. Um dem entgegenzuwirken, gibt es unterschiedliche Optionen der Fertigungsorganisation. Beispielsweise kann die Fertigungsreihenfolge mit an- und absteigenden Fertigungszeiten erstellt werden (Abb. 5.2). Diese Maßnahme ermöglicht zwar keine einheitliche Taktzeit im gesamten Prozess, doch sind die Bearbeitungszeiten der Elemente an den jeweils angrenzenden Stationen ähnlich. Dadurch werden längere Wartezeiten bei der Elementübergabe umgangen, wodurch ein reibungsloserer Fertigungsfluss erreicht wird. Dem entgegen steht der Ansatz, einzelne Montagetische durch größere Pufferbereiche voneinander zu entkoppeln. Wartezeiten, die durch unterschiedliche Fertigungszeiten vor- oder nachgelagerter Prozesse entstehen, werden über das Ein- oder Auspuffern von Elementen ausgeglichen. Pufferbereiche benötigen allerdings viel Platz.

Für die Bestimmung der Taktzeiten, der optimalen Fertigungsreihenfolge und der Kapazitätsplanung der unterschiedlichen Prozesse ist ein Manufacturing-Execution-System (MES) notwendig, welches ein Produktionsleitsystem zur Steuerung und Kontrolle der Prozesse in Echtzeit ist.

Es stellt den Arbeitsplätzen, Maschinen und Anlagen alle relevanten Daten und Informationen zur Verfügung, erfasst manuelle oder automatisierte Rückmeldungen über den Fertigungsfortschritt und verschafft über die Datenaufbereitung einen kontinuierlichen Überblick über den Fertigungsfluss. Mit diesem System ist es somit möglich, jedes Bauteil oder Element und dessen Status örtlich und zeitlich zu erfassen. Werden darüber Störungen gemeldet, greift die Prozesssteuerung so ein, dass die rechtzeitige Verladung und die Auslieferung aller Elemente für die baustellenseitige Montage weiterhin sichergestellt werden.

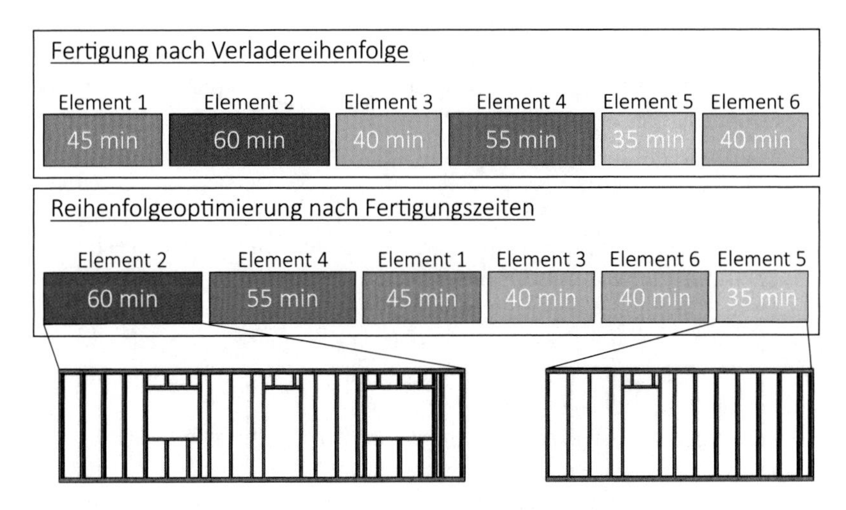

Abb. 5.2 Optimierte Auslegung der Fertigungsreihenfolge nach Fertigungszeiten

5.5 Planung und Steuerung der Montage und Baustellentätigkeit

Die Planung und Steuerung der Montage und Baustellentätigkeiten erweist sich als eine der komplexesten Aufgaben des Gesamtprozesses im Holzbau. Hindernisse und Kostentreiber, die mit Arbeiten auf der Baustelle einhergehen, sind u. a. bedingt durch:

- Fahrtkosten inkl. der nicht wertschöpfenden Fahrtzeit der Mitarbeitenden (besonders bei ungeplanten Anfahrten)
- Spesen und Aufwendungen für Übernachtungen
- Längere Wege zur Verrichtung der Tätigkeit im Baustellenumfeld
- Reduzierte Ergonomie
- Suboptimale Arbeitsplatzgestaltung
- Abhängigkeit von Wetterbedingungen
- Nur bedingt mögliche Qualitätskontrolle
- …

Zu umgehen sind diese Aufwendungen durch einen erhöhten Vorfertigungsgrad im Werk, der automatisch die Arbeiten auf der Baustelle und somit die Anzahl an Schnittstellen zu nachgelagerten Arbeitsbereichen reduziert. Die angestrebte Reduktion der wertschöpfenden Tätigkeiten auf der Baustelle kann z. B. durch den Einsatz von 3D-Modulen wie kompletten Raumzellen erreicht werden. Dies ist jedoch nicht immer möglich und gewünscht, denn Module schränken die Architektur ein und erschweren die optimale Ausnutzung des Baugrundstücks. Ein erkennbarer Trend ist die Kombination aus 3D- und herkömmlichen 2D-Elementen. 3D-Module werden häufig in Form von Bad- und Technikmodulen integriert, die neben einem komplett fertiggestellten Badezimmer bereits mit haustechnischen Geräten wie Heizungs- und Lüftungsanlagen ausgestattet sind. Obgleich die finale Montage häufig erst auf der Baustelle sinnvoll ist, können auch Tätigkeiten anderer Bereiche sinnvoll in Vorfertigungen vorbereitet werden wie beispielsweise ein automatisierter Zuschnitt von Fertigestrichelementen mit sequenzieller Bereitstellung für die Verlegung.

Herkömmliche Baustellentätigkeiten beherbergen meist große Unsicherheiten im Ablauf, da es an einer grundlegenden umfangreichen Planung mangelt. So wie es keine klare Planung für die Baustelle gibt, so ist auch eine fehlende Rückmeldung von der Baustelle an die Vorfertigung und Planung zu beklagen. Um Prozesse nachhaltig zu optimieren und eine gesamtheitliche Transparenz zwischen Vorfertigung/Planung und Baustelle zu schaffen, ist eine digitale Unterstützung ähnlich dem MES-System in der Produktion sinnvoll. Dies wird jedoch bislang nicht in der Tiefe eingesetzt.

KVP-Prozesse können sinnvoll digital unterstützt werden. Ein digitaler Workflow (z. B. das strukturierte Melden eines Fehlers mithilfe einer App auf dem Smartphone an die Arbeitsvorbereitung) wird bereits durch Mitarbeitende (intern oder auch extern) auf der Baustelle initiiert und in Bereiche des Unternehmens digital weitergeleitet. Somit kann sichergestellt werden, dass relevante Informationen nicht verlorengehen und Muster von sich wiederholenden Fehlern und Problemen erkannt werden. Nur wenn die Baustelle z. B. durch den Einsatz von mobilen Endgeräten und individuell angepassten Apps für die Unterstützung der Baustellenprozesse, ein fester Bestandteil der IT-Abläufe im Unternehmen wird, können auch Prozesse stabilisiert und kontinuierlich optimiert werden.

6 Zusammenfassung und Ausblick

Der Trend der steigenden Absatzzahlen und des andauernden Fachkräftemangels lässt in der Branche keine baldige Veränderung vermuten. So werden die Themen Automatisierung und Digitalisierung zur langfristigen Optimierung sowie Unterstützung aller Bereiche der Gesamtprozesskette nicht an Bedeutung verlieren. Wie oben dargelegt, existieren bereits viele gängige, bewährte Technologien sowie Ansätze für weitere Lösungskonzepte. Ein sinnvoller, effizienter Einsatz von Automatisierungen wird jedoch nur durch eine individuelle Auslegung des Automatisierungsgrads in einem entsprechenden Fertigungsumfeld erreicht. Maßgebend dafür sind die spezifischen Produktionsanforderungen, die insbesondere durch Faktoren wie der geforderten Leistung, der Investitionshöhe und des möglichen Personaleinsatzes beeinflusst werden. Weiterhin spielen bei einer Technologieauswahl die Integrationsmöglichkeiten in bestehende Strukturen, die Zukunftsfähigkeit sowie die Flexibilität der Systeme eine wesentliche Rolle.

Die Anforderungen an digitale Prozesse wachsen mit einem zunehmenden Automatisierungsgrad. Immer wichtiger ist die fehlerfreie Erstellung von Konstruktionsplänen und -details sowie umfangreiche Datengenerierung und -verarbeitung. Nur so können verschwendungsfreie Prozesse in der Vorfertigung garantiert werden. Allerdings wirken sich die beschriebenen Entwicklungen der Holzbaubranche nicht nur auf die Holzbauproduktion aus, sondern ebenso auf den gesamten Planungs- und Bauprozess. Die beschriebenen Schwierigkeiten an den Schnittstellen zwischen verschiedenen Fachbereichen und Gewerken, können nur durch einen sorgfältigen, umfassenden Informationsaustausch überwunden werden. Prädestiniert dafür sind die digitale Sammlung und Bereitstellung von Daten und Plänen in Echtzeit, die eine transparente Kommunikation ermöglichen. Voraussetzung für eine volle Ausschöpfung des Potenzials in den Prozessen ist die

A. Heinzmann und N. Karatza, *Automatisierung und Digitalisierung im Holzbau*,
https://doi.org/10.1007/978-3-658-38763-1_6

Zusammenarbeit aller Verantwortungsbereiche von der Entwurfsplanung bis zur Bauabnahme, dem Betrieb des Gebäudes oder sogar der Gebäudeinstandhaltung.

Herausfordernd beim erhöhten Einsatz von Automatisierung und Digitalisierung ist die Umsetzung stark individualisierter, komplexer Bauten. Hier kommt es weiterhin zu einem hohen Anteil an manuellen Eingriffen. Die Lösung wird im Konzept der Mass Customization gesehen, das die Massenproduktion individueller Produkte beschreibt. Die Umsetzung im Holzbau beginnt bei der Standardisierung grundlegender Prozesse und Ausführungen. Dazu zählen sowohl planende und organisatorische Tätigkeiten als auch Montagetechniken. Während entscheidende, für Kunden nicht ersichtliche Komponenten wie Elementaufbauten und Tragsysteme standardisiert werden sollten, bedarf es im Bereich der äußeren Erscheinungsform wie Fassaden und Grundrissgestaltung Freiräume auf Basis definierter Leitplanken. Auf diese Weise können Fertigungsprozesse einheitlich automatisiert werden, was eine industrielle Elementfertigung mit individuellen Gestaltungsmöglichkeiten zulässt.

Zusammenfassend lässt sich sagen, dass im Holzbau sowohl durch die Marktentwicklung als auch durch die zunehmenden Möglichkeiten der Automatisierungs- und Digitalisierungslösungen ein enormes Potenzial gesehen wird.

Quellen

A

Bauernhansl, T. (2020). *Fabrikbetriebslehre 1: Management in der Produktion* (1. Aufl.). Springer Vieweg.

Dolezalek, C. M. & Baur, K. (1973). *Planung von Fabrikanlagen.* Springer Publishing.

Eversheim, W. & Schuh, G. (1999). *Produktion und Management.* Springer Publishing.

Holzbau Deutschland. (2022, Mai). *Lagebericht 2022.* Holzbau Deutschland – Bund Deutscher Zimmermeister im Zentralverband des Deutschen Baugewerbes e.V. https://www.holzbau-deutschland.de/fileadmin/user_upload/eingebundene_Downloads/Lagebericht_2022.pdf

Jakob, S. (2021, 6. Juli). *Hohe Nachfrage: Deutschland geht das Holz aus.* tagesschau.de. https://www.tagesschau.de/wirtschaft/technologie/holz-baustoff-mangel-corona-101.html

Karatza, N. P. (2019, August). Development of a compact flexible manufacturing cell for producing timber frame elements. *IWMS-24 Proceedings*, 209–216.

Messmer, B. & Austen, G. (2020). *BIM – Ein Praxisleitfaden für Geodäten und Ingenieure: Grundwissen für Geodäten und Ingenieure (essentials)* (1. Aufl.). Springer Vieweg.

Ohno, T., Rother, M., Stotko, E. & Hof, W. (2013). *Das Toyota-Produktionssystem: Das Standardwerk zur Lean Production* (3. Aufl.). Campus Verlag.

Schankula, A. (2012). Vorgefertigtes Bauen mit Holz. *Detail, 6/2012*, 622–669.

Statistisches Bundesamt. (2020, Juli). *Bauen und Wohnen, Baufertigstellungen von Wohn- und Nichtwohngebäuden (Neubau) nach überwiegend verwendetem Baustoff, Lange Reihen ab 2000.* https://www.destatis.de/DE/Themen/Branchen-Unternehmen/Bauen/Publikationen/Downloads-Bautaetigkeit/baufertigstellungen-baustoff-pdf-5311202.pdf

VDI 2510 Blatt 1: 2009–12 – Infrastruktur und periphere Einrichtungen für Fahrerlose Transportsysteme (FTS)

VDI 3415 Blatt 1: 2018–10 – Entwurf – Holzbearbeitungsmaschinen – Prozessqualifikation Maschinenabnahme

A. Heinzmann und N. Karatza, *Automatisierung und Digitalisierung im Holzbau*, https://doi.org/10.1007/978-3-658-38763-1

Printed in the United States
by Baker & Taylor Publisher Services